指数级成长

从**默默无闻**到**出类拔萃**的
五大行动法则

［加］格里·洛维斯——— 著　韩盟盟——— 译

民主与建设出版社
·北京·

© 民主与建设出版社，2020

图书在版编目（CIP）数据

指数级成长 / (加) 格里·洛维斯 (Gerry Lewis)
著；韩盟盟译.— 北京：民主与建设出版社，2020.4
书名原文：Shine: Stand Out. Get Noticed. Be
Brilliant. Communicate Your Way to a Brighter
Career by Gerry Lewis
　ISBN 978-7-5139-2955-4

　Ⅰ.①指… Ⅱ.①格… ②韩… Ⅲ.①成功心理
Ⅳ.①B848.4

中国版本图书馆CIP数据核字(2020)第041563号
版权登记号：01-2020-1364

指数级成长
ZHISHUJI CHENGZHANG

著　　者	[加]格里·洛维斯
译　　者	韩盟盟
责任编辑	程　旭
封面设计	元明设计
出版发行	民主与建设出版社有限责任公司
电　　话	（010）59417747　59419778
社　　址	北京市海淀区西三环中路10号望海楼E座7层
邮　　编	100142
印　　刷	唐山富达印务有限公司
版　　次	2020年4月第1版
印　　次	2020年5月第1次印刷
开　　本	880毫米×1230毫米　1/32
印　　张	7
字　　数	120千字
书　　号	ISBN 978-7-5139-2955-4
定　　价	39.80元

注：如有印、装质量问题，请与出版社联系。

推荐语

"格里的见解既新奇又实用，毫无疑问，这本书会给无数的人带去帮助。他给人们提供了一种在职场上获得成功的方法。这本书让我收获颇多。当我读这本书时，我不停地在做笔记，并且已经迫不及待想要把它分享给我的员工们，我期待他们能通过学习它而变得更加优秀！"

——凯西·格雷戈里（Kathy Gregory），范式探索公司总裁兼首席执行官

"在这本书里，格里展现出他令人艳羡的沟通技巧。如果我们能意识到我们的时间究竟有多少花在了开会、做报告以及同团队、股东或者媒体沟通上以达到既定目标，我们就会明白，合理有效的沟通是第一位的。我们当中很少有人如格里一样是天生的沟通家，但庆幸的是，我们每个人都可以通过努力成为一名优秀的沟通者。而若要达成这一点，格里的书值得一读。我邀请你认真地读这本书，你一定会爱不释手，常读常新。"

——乌沙·索拉特（Usha Thorat），印度央行前副行长

"对年轻高管来说，这本书能够帮助他们提高沟通和表达技巧。"

—— 乔纳森·薇姿（Jonathan Weisz），律师事务所合伙人

"脱颖而出，格里的沟通入门读本是指导人们在公司和人际交往中实践的"新圣经"。无论你是在做报告、表达信息、倾听、影响别人还是应变管理，格里把他多年的经验转化为实用技巧，告诉你如何脱颖而出，如何吸引他人的注意，以及如何做到最好。"

——希瑟·坎贝尔（Heather Campbell），加拿大太平洋铁路公司前首席信息官

"在过去的10年里，我有幸在许多场合与格里共事。我一直很欣赏他能够让观众全身心参与进来的能力。他的热情和责任感，以及他良好的沟通技巧，绝对是使我们的会议从好变得更好的关键！格里在这本书里分享了他的经验和知识，这是一笔非常实用、直白且有趣的资源，对提高沟通效率大有帮助。"

——温迪·汉纳姆（Wendy hannan），丰业银行拉丁美洲执行副总裁

"追求优秀是一个持续而专注的过程。格里的观点和建议是实用的、幽默的、引人深思的。大学生们在参加工作之前，有必要读一下这本书，以确保他们能在交流方面凸显出自己——这是一项必不可少的技能。"

——凯瑟琳·钱德勒-克里奇洛博士（Dr. Catherine Chandler-Crichlow），卓越金融服务教育中心执行理事

"格里是我见过的最有效率、最专注、最有活力的沟通家之一。在《指数级成长》这本书里，他给我们分享了一些如何出彩的秘密和技巧。在生活中，我们时时刻刻要与外在的世界发生交流和沟通，因而，每个人都应该阅读这本书，学习其中的技巧。不管你是要提高面对面会议或网络会议的成效、主持会议、阐述复杂问题，还是要对态度进行调整以更好的应对工作或生活中的变化。总之，我已经列出我的学习清单，我希望我能快点读到它。"

——安德里亚·科克兰（Andrea Corcoran），国际联盟有限责任公司（一家专门的监管咨询公司）创始人

"这是一本精彩的书，易于阅读，更重要的是，便于实践。当我回忆起自己曾经有过的一些经历，如参加效率低下的会议，在一场演讲中心不在焉，替演讲者感到灰心或者愤怒到说不出话来时，我会哑然失笑。我鼓励人们读这本书，并切实采取书中给出的建议。可能一些人会认为，我们天生就会沟通和交流。但是，在职场中，许多人都缺乏基本的沟通能力。"

——比佛利·弗曼（Beverly Furman），南非中央证券保

管所监察部主任

"在这本引人入胜的书中，处处散发着格里的积极、热情和优秀。那些案例给我们提供了贴近实际的例子，让我们得以吸取他人的教训，学习他人的经验。格里和他书中的每一个字都闪烁着智慧的光芒。"

——伊拉纳·辛格（Ilana Singer），加拿大投资者保护基金副总裁

"《指数级成长》以一种非常实用和容易理解的方式为我们提供了很棒的建议。这本书的结构——正文、概要、问题、行动方案以及笔记——有助于读者消化内容，并且让他们在读完一遍之后，还想要再读第二遍。"

——简·威廉·范德福森（Jan Willem van der Vossen），IMF货币与资本市场部前顾问

"格里是一位很棒的沟通者。现在，我知道原因了。读这本书，然后试试这些非常实用的小技巧。多么希望我能在30年前就读到此书！"

——克莱夫·布里奥特（Clive Briault），毕马威会计师事务所高级顾问

"我已经观察、学习并且实践了书中提出的关键方法，它们是真实的，而且行之有效。"

　　——克里斯·霍奇森（Chris Hodgson），全球财富与保险集团主管

　　"如何认识潜藏在体内的天赋和能力，怎样才能激发出它们，让它们闪闪发光？这本书给出了答案。格里介绍了在沟通和交流中可能会遇到的障碍，如何使用肢体语言使人们放松，以及理解人们所思所想的方法。格里给出了各种各样的实用技巧，并运用了游戏和故事，以帮助你取得成功。格里的书读起来轻松，记起来容易，它能助你'发光'，因为它发光了！"

　　——罗萨里奥·佩特伦（Rosario Patron），乌拉圭中央银行前金融服务监督监管负责人

　　"通过运用格里阐述的各种沟通技巧，这本书可以帮助人们在职业生涯中取得非凡成就。"

　　——阿纳托尔·冯·哈恩（Anatol von Hahn），加拿大丰业银行主管

献给我的父母：

谢谢你们在我很小的时候就教会我，通往成功所需要的一切就蕴藏在自己体内。

献给盖伊塔诺，我的北极星：

谢谢你让我相信，白纸也可以变成一本书。

献给我的梦之队：

每一位编辑此书、给此书出谋划策的人，谢谢你们！

序　言

我们中有多少人是唱着《我的这盏小灯》的歌长大的？我们不仅要让这盏灯发光，还要注意不让它熄灭、被掩盖光芒或者遭遇发光的阻碍。不管怎样，一定要让它一直发光！

童歌里的热情还未消散，而在现实生活中的许多人却似乎已经忘记了自己还有发光的能力。在这本书中，格里·洛维斯提醒我们，作为一名高效的沟通者、团队成员或领导，我们每个人天生就具有能够让人注意并铭记于心的闪光点。

几十年以来，我和格里共事过许多次。我切身感受到了他在沟通、演讲和人际交往中所散发出来的激情，他很希望每个人都能参与到这种能够轻松自在的沟通交流旅程中，也十分乐意帮助他人找到可以发光的方法。

这本书亦是如此，它力图引起读者的兴趣，给他们提供了许多切合实际的经验，并给人们充分思考的机会，激励读者去尝试新的方法。

我认为，沟通是一个战略、项目或团队成功的关键。因为在沟通的过程中，人们可以有机会让自己的想法得以表达出来，让别人倾听，以及更重要的是，别人会接收到你的想法并试图去理解，去接受它们。

沟通不仅是成功的最大因素之一，同时也是最难掌握的因素之一。但是，正如儿时的那首歌里唱的，你不应该让任何事情阻止你发光。

格里指出，通往成功的道路上最强大的盟友和对手都是自己。而在沟通和演讲方面，做自己的盟友需要我们靠自身力量去理解、准备和反复地练习，直到最终让自己建立起自信，摆脱自我怀疑，做好在重要时刻登台的准备。

《指数级成长》采用了一种引人入胜的方式来提高你在会议中的参与度，做出十分有说服力的会议报告，在瞬息万变的工作环境中引领变革，并与他人保持紧密联系，扩展你的人脉。

沟通贯穿于你的工作和生活。纵观全书，格里帮助你从倾听者的角度"听到"交流，带你应对常见的陷阱和挑战，并为有效的意向沟通的制定提供框架。每章末尾的问答环节给讨论增加了互动性，也使得讨论变得更加有意义。

这本书里没有万能公式让你套用，也没有提出沟通的最佳方法。相反，它让我们所有人都能找到自己脱颖而出的方式，通过发出真实和诚恳的声音，成为一名有影响力的人。

无论你是刚刚起步，还是熟练的沟通者，这本书都能给你一些收获。也许，它最想告诉我们的是，我们每一个人都能发光，而且可以让这光芒永不熄灭。

享受这个过程吧！

阿琳·罗素（Arlene Russell）

加拿大丰业银行

目　录

第二章
演讲终极目标就是获得更多认同感

第一节　为什么我们经常在演讲中失控　　059
第二节　为何说"四条守则"是掌控演讲"生命线"　　061
第三节　演讲卡壳有哪些"急救药"　　069
第四节　听众没热情，你哪里来的激情　　072
第五节　当出现讲着讲着就不知道自己讲什么时，怎么办　　073
第六节　怎样实现演讲终极目标：获得更多认同感　　081
第七节　演讲台是你的"遮羞布"还是"救命稻草"　　090
第八节　怎样抓住演讲的核心　　096
第九节　缺少危机处理策略，你的演讲已失败了一半　　097
第十节　怎样避免演讲中相同失误反复出现　　102
第十一节　反思：你对自己的演讲还满意吗　　103

第三章
如何练就面对变革与挑战的应对能力

第四章
处处有人挺你就得有牢固的人脉关系

第五章
充满正能量才能让你获得更多好运气

⋮

脱颖而出，引人注目，变得优秀

⋮

人生来就是为了与众不同，为何要做无名之辈呢？

——苏斯（Dr. Seuss），美国作家、诗人、漫画家

无论是在日常生活还是工作中，我们希望对周围环境产生积极的影响，创造意义，并希望因为做出的贡献而得到他人的认可。然而，如果组织中的每个人都盯紧同一个目标，是很难让自己脱颖而出的。

而与众不同的最好方法，就是让自己变得优秀。只要你肯努力，你就会越来越优秀，也会越来越让人喜欢。如果我们已经将一件事情做得很好，却仍不满足于此，仍不断地调整，想方设法去完善，让一切事物井然有序，顺利向前推进，你就会慢慢变得优秀起来。在这一点上，我们无法偷懒，别人无法给你，你只有努力，才能赢得优秀。

这是一本有关如何练习和完善沟通技巧的书籍。我们完全可以变优秀，为之付出的努力永远都不会白费。看一下下面阿曼达（Amanda）的故事就明白了。

阿曼达的故事

S：今天我们还有其他的事情要处理吗？

A：我们需要选出玛丽（Mary）的候选人。

S：对。昨晚我还在想那三位候选人。卡里姆（Karim），说说你的看法。

K：这三个人都有相关的工作背景和经验，无论谁代替玛丽都合适，三位都是合格的候选人。

A：我赞同，但是，我们要考虑到，在未来一年里，我们会增加他的工作任务，他要承担的不是单独一个项目了。

S：说得对，爱丽丝（Alice），这个人需要指挥员工统筹我们三个支部的决策，在接下来的一年必将面临诸多挑战。

K：如果是这样的话，那我比较倾向于杰夫（Jeff），他在这一点上有扎实的功底，而且，在我们上一次的收购任务中，他做得很好。

A：确实如此。但是，我觉得我们要找的是一个能够带领手下的员工应对变革的人。斯蒂夫（Steve），上个月阿曼达不是出席了你的一个倡议会吗？她非常善于改革，我对她的印象非常深刻。

S：你说得对，爱丽丝。她不仅在那次演讲中表现出色，而且，据我观察，她在过去的几个月里也变得越来越自信了。她总能想到办法将信息传递给对方，而这正是我们需要的。

K：我虽然很喜欢杰夫，但是也赞同你们两人的看法。阿曼达确实很优秀，她正是我们要找的那类人。

S：好，那我们就定她了。

A：我今天下午就告诉她，这一定能让她度过一个愉快的周末。

在上面这个例子中，尽管三位候选人都是合格的，可是，在卡里姆、斯蒂夫和爱丽丝看来，阿曼达更加优秀。她为什么会脱颖而出呢？因为，阿曼达知道什么样的展示方式可以让自己被注意到，让自己发光。

有人说，每个人都会有自己闪耀光芒的时刻，这句话是真是假我不清楚。但是，我可以肯定的是，只要我们愿意，所有的人都有机会成为一名出色的沟通者。

为什么要"发光"呢？我认为，发光能够证明很多事。在别人看来，当你容光焕发的时候，你会与众不同，他们会注意到你，感受到你散发出来的积极和活力。对于你自己来说，当你光彩照人的时候，你会找到自己的舒适区，感觉到温暖并越来越得心应手。除此之外，你还会变得自信、强大和快乐。

成为出色的沟通者无法一蹴而就，事实上，我认为我终身都需要学习如何沟通。但不管怎样，有关沟通最美妙的一点就是：你不必天生就具备这种能力。沟通的技能是可以学会的。更棒的一点是，通过练习，良好的沟通会变得和呼吸一样简单，你甚至不用多加注意，它也能自然而然地进行。

首先，让我们来回顾一下你在职业生涯中可能会遇到的一些情景。

你是否参加或领导过这样的会议：你觉得与会者都在各自的脑海中开着他们自己的小会，或者你无法达成既定目标？

你是否在一群人面前做过展示，然后感觉所有人的眼睛都在盯着你，而你前一天晚上排练过的东西（当时感觉进行得很顺利）突然让你感到尴尬和不自然？

你是否曾试图与你需要密切合作的同事建立关系，但是，经过几个月的努力后，你仍然无法建立牢固的工作关系？

你是否曾尝试过推行一项变革，可是不管你做多少努力，采取怎样的沟通策略，参与其中的人都以消极、抵触和不作为的态度来面对这项变革？

你是否曾希望能对自己多一些信心？你想管理你的消极情绪，并且在内心出现冲突时更好地处理它们吗？

这些情景有一个共同点，即它们都与沟通有关。在这些场景里，你的观点是被听见和记住，还是淹没在嘈杂人潮，最终取决于你沟通的方式。而找到自己沟通的方式，对职业生涯大有帮助。开会、演讲、工作关系、变革管理以及自我对话这些都是沟通中的"证明点"。每一个证明点都提供了一个在他人面前发光的机会。

·····················

所以还在等什么？
是你闪耀的时候了！

·····················

"优秀不是等来的，抓住此时此刻，沐浴阳光，努力发光。"

——佚名

这是一场通往优秀的旅程

我叫格里，是一名沟通倡导者。

我曾经接触过金融服务、媒体、企业培训、国际沟通等业务，如今经营着自己的沟通交流公司，这些经验教会了我如何成为一名优秀的沟通者，或者更确切地说，是教会我如何变得与众不同、脱颖而出。

我们生活在一个即便是"快节奏"也被认为是缓慢的时代。在这个时代，人们往往还没来得及说一个词，别人就形成了对你的整体印象。让我们面对这个现实吧：我们生活在一个急于做出判断且很难改变这种判断的世界里。要想让别人倾听你的话语都不太可能，更别说要闪耀了。

但是，请不要让这一点成为你发光的绊脚石。它从未吓到过我。这倒不是因为我足够自信，抑或是我有足够的冒险精神，而是在经过这些年（在40多个国家）的会议、演讲以及各个层次和行业（后勤服务、销售、行政甚或国家领导人）等的交流，我想我能够与你们分享一些在沟通的过程中可能会遇到的陷阱，以及怎样去避免它们的技巧。

同时，我想和你们分享的还有，当进行交流时，对方心中认为最重要的信息是什么。

当与他人进行沟通时，避免沟通的陷阱，并且知道对方想要的是什么，可以帮你达到以下几个目标：

你会被倾听；

你会被理解；

你会产生影响力；

你会拥有发言权；

你会被别人记住；

更重要的是——

你会发光！

闪光点：沟通的"证明点"

之前，我提到过"证明点"一词。最初，这一术语源自营销行业。在营销行业中，"证明点"是指支持相关产品、公司或服务的价值主张的证据。

而在沟通中，我对此概念做了一些调整。我认为，沟通的"证明点"是支持个人价值及品质的证据。显然，如何进行沟通也是个人品质的一部分。

品牌即承诺。让我们来想一想，个人品牌意味着什么？

首先，人们是怎样描述你的？私底下，人们会怎样谈论你？你希望人们以怎样的方式记住你？

"证明点"是个人品牌的基石。因此，在本书中，我们将会分章节介绍以下几点。

在"如何提高会议效率"章节，我们介绍了"会议通常的'四宗罪'"。会议中，经常会遇到的难题有哪些？如何最大化发挥每一场会议的价值，让参会者都能感到自己有所收获，让大家相信每一个人的努力都将对结果产生至关重要的影响？如果你能提高开会的效率，你就能充分展示自己的能力，证明自己能够带动全体成员向着目标前进，高效地带领团队完成项目。

在"如何做出更震撼人心的演讲"章节，我们将会讲述大多数演讲者容易出错的地方，并告诉大家如何避免如紧张、内容枯燥乏味、观众对演讲毫无反应以及演讲者缺乏活力等演讲弊端。如果你的演讲足够精彩，说明你可以做到坚定并自信地传递你的演讲内容，吸引观众的注意力并且调动他们的积极性。

在"如何应对更艰难的变革挑战"一章，我们介绍了为什么促成改变的沟通是具有挑战性的，如何透过对方的眼神的变化来解读其内心的想法，从而轻松转换话题，让沟通变得更顺畅和谐。这一点能证明你可以处理冲突以及潜在的各种困难情形。这将对客户和组织产生积极的影响，你在人们眼中的形象也会随之大大提升。

在"如何建立牢不可破的关系"章节，我们介绍了成功建立商业关系的一些因素。我们发现——微笑、记住别人的名字、表示出极大的兴趣、建立真诚的关系等这些简单也经常被人忽略的举止，如果能够勤加练习，将会对你的商业对手和合作搭档产生巨大的影响。如果你能创造更牢固的商业关系，说明你善于制造协同合作的环境，这种环境氛围将有助于充分发挥各种创造力和技能。而创造一个强有力的互信关系最终将决定你成功的高度。

在最后一章，"如何产生更积极的想法"中，我们将介绍你通往成功路上最强大的敌人和战友：你自己。怎样提升自信心，如何应对不得不半夜起床的加班和偶尔的焦虑，如何走出舒适区？如何以一种健康的、有效的方式解决冲突？积极的想法可以构成你感知生活的方式。知道吗？你怎样对待生活，生活就会怎样对待你。积极的人生态度能够吸引别人靠近你，因为这样的你，正是人们渴望结交的那类人。

建议

当我读书的时候，我喜欢记笔记，在一些内容上面写写画画。有人曾告诉我，这个习惯很糟糕，因为这样会毁坏一本书完美的外观，然而我不这样认为。因此，在本书中，我建议你用笔标出自己觉得重要的内容，填写"行动步骤"部分。记得使用检查清单，圈出对你有用的小贴士。希望你能喜欢这本书，正如我喜欢将这些年来学到的东西分享出去一样。

希望你拥有如阳光般闪耀的事业！

第一章

効率会议更加彰显个人魅力

你知道吗？

39%的会议参加者承认他们会在会议上打瞌睡。

据估计，有25%～50%的会议时间是被浪费的。

如果必须要用一个词来说明人类没有实现，而且永远也不会实现其全部潜力的原因，那么这个词就是——会议。

——戴夫·巴里（Dave Barry），美国幽默作家

你觉得你参加了太多的会议吗？

你是否觉得其中很多会议都是徒劳和重复的？

你曾参加过"土拨鼠日"[①]**会议吗？在会议上，你对自己说："我们之前不是讨论过这些完全相同的话题吗？"**

我平均每天要开四到六场与工作相关的会议，其中还不包括电话会议，稍后我会就此做一些讨论。因为我参加的会议不仅限于北美的公司，还包括众多全球组织，因此，作为这些会议中的一员，我拥有超棒的学习优势。其他国家的人同我们一样，也会遇到会议过载的问题。

对我来说，会议是一种推动前进的方式，它可以点燃激情，促使工作完成，有助于做出关键性决策，还可以与他人相互沟通和学习，让正在进行的工作生动起来。

---

① 美国一部非常搞笑的电影，在电影中，比尔饰演了一位一直生活在2月2日这一天的气象播报员。

下次开会时，问问你自己：我能做到以下几点吗？如果不能，反思一下你会议的哪些部分没能发挥作用，哪些"会议之罪"是你应负责任的。更重要的是，你能做出哪些调整，让其他人在会议结束时说，"那真的是一次很好的会议。""我们在这场会议上很有收获。"或者"为什么我参加的会议不能都是这样的？"

会议的力量是强大的，如果你召开的会议都富有成效，这种能力就会引起他人的注意。那么，如何才能更好地召开会议，让与会者得到他们需要的东西，获得成就感，并且对工作进展充满信心呢？换句话说，如何才能在会议中脱颖而出？

⋯⋯⋯⋯⋯⋯⋯⋯⋯⋯⋯⋯⋯⋯⋯⋯⋯⋯⋯⋯⋯⋯⋯⋯⋯⋯⋯⋯⋯⋯⋯

格里小贴士

让会议变得更有成果、更有效率的最好方法，始于检查会议中经常出错的地方。

⋯⋯⋯⋯⋯⋯⋯⋯⋯⋯⋯⋯⋯⋯⋯⋯⋯⋯⋯⋯⋯⋯⋯⋯⋯⋯⋯⋯⋯⋯⋯

我发现，提高会议效率的最好方法，始于检查会议中经常出错的地方。对我来说，找出会议失败的地方，然后看看如何解决，是比较容易的。我把它称之为"会议的四宗罪"。

第一节　你知道会议"四宗罪"坑惨多少人吗

罪之一：浪费

约翰（John）的故事

自从约翰两年半前加入公司以来，他一直在参加部门的每周例会。这些会议往往持续一个小时，有时会更长。每个人都必须分享他们正在做什么，事情是如何进展的。约翰总是最后一个发言，因为他通常说话最少。但这不是因为他做的工作少，他与那些要把所有的工作细节都详细陈述的同事们不同，他只是想让他的上司知道，一切都在按照计划进行，同时询问领导项目的哪一块需要他的帮助。约翰想不明白，为什么团队中的其他人觉得有必要详述工作中的每一个细节以及他们的重要性。与同事相比，会议结束的时候，他通常会感觉到有那么一点沮丧和不足。

约翰有这种感觉并不奇怪，因为我们组织会议的方式已经变得仪式化了。会议中的浪费不在于用时多少，而在于会议期间我们做了什么。虽然会议很重要，也确实有一定的作用，但有时候我们在会议期间实际做的事情却会造成时间与精力浪费。

那么，如何使会议更有意义呢？以下这些问题会带你走向正确的方向，使你成为一名有效率的会议统筹者。

问题1：我们需要开会吗？

这里有五个开会的好理由：

（1）做出决策——团队必须在需要做出决策时提出各种想法，以便将工作推动到下一个阶段。

（2）产生创意——团队需要进行头脑风暴，集思广益，如此才能产生有创意的想法。

（3）分享进展与更新信息——只有与他人分享信息，不断更新，紧跟时代，才能不断前进。

（4）传递信息——团队需要听取个人意见，创造解决问题的机会。

（5）制订计划——团队的前进离不开行动计划。

问题2：我们需要多长的开会时间？

以下是我在安排会议时，关于注意力持续时间和信息吸收的一些原则：

（1）成年人大约能维持20分钟的注意力，之后，他们就开始走神了。

（2）如果能视听结合，加入互动元素，使内容形象生动，人们便能学习的更好。

（3）我们需要提前设定对会议的预期，这意味着会议的结构性极其重要。

（4）要留出思考和提问题的时间，以便使会议讲解的点更加清晰。

在计划会议所需时间时，考虑以上几条原则。我想再重申一遍，会议的浪费并不仅仅是指会议消耗了多长的时间。事实上，如果会议的结构清晰，内容展示的形式多样（视觉、听觉、触觉等），主题有针对性，还有问答环节的话，是不会有人抱怨会议时间太长的。而当我们忽略这些原则时，会议则会变得枯燥、冗余和浪费。

关于会议究竟应该有多长的时间跨度，这里还有最后一点建议：不要被30分钟的时间间隔所限制。我所参加过的一些最有意义和最富成效的会议中，有一些的时长往往低于20分钟。实际上，我特别钦佩的一位高管甚至将她的会议时间仅设置在10分钟左右。这就要求我们必须对会议进行合理安排，但是这些会议通常很有成效，在会议结束时，每个人都知道他们需要做些什么以使工作进度向前推进。

··

格里小贴士

　　不要被30分钟的时间间隔所限制。我所参加过的一些最有意义和最富成效的会议中，有一些的时长往往低于20分钟。

··

　　下次计划开会时，看看你能做些什么，把会议时间缩短10到15分钟。如果你开会通常需要一个小时，那么试着将会议时间设置为45分钟，提前告诉人们你要做什么，他们会帮助你的。想想哪些材料可以提前发出去，哪些工作可以通过电子邮件完成。通过缩短会议时间，你和与会者都会变得更有效率。同时，你会获得他人的关注与欣赏。

问题3：我们需要每周都开会吗？

　　当你开始逐步缩短会议时间，每次减少10到15分钟，就可以开始考虑会议的频率了。每周安排一点工作很容易，这通常是会议组织者易犯的错。然而，我建议你减少面对面开会的频率，这让会议变得更加有意义。也许，你可以考虑在第一周安排一次面对面的会议，在第二周安排一次简短的电话会议，然后在第三周重新召开面对面的会议。

　　顺序并不重要，重要的是思考人们究竟需要多少坐下来面对面沟通的时间。记住，会议可能会变成一种仪式，很容易养成循环开会的习惯。若想好好调整你的会议，上述问题值得思考，与此同时，注意我之前提到的注意力持续时间和信息吸收原则，适当地进行一些积极试错。不管最终的结果如何——也许这不会改变你开会的频率——但你对如何才能不浪费会议时间且让其更有意义的思考，必将提高会议效率，使其富有成效。在我看来，尊重别人的时间和安排总是一个加分项。我在许多不同的机构工作过，亲身经历告诉我，如果你能帮别人节省时间，你将会非常受欢迎！

接下来，我们开始讨论会议的第二宗罪过及应对方法：秩序混乱。

罪之二：秩序混乱

你是否曾觉得你组织的会议与自己无关？你是否有时觉得一个话题似乎独占了整个会议而其他事情都没有完成？你是否在会议结束后，发现关键的问题依旧没有解决，人人面带沮丧地离开呢？

香农（Shannon）的故事

香农感觉已经准备好了同指导委员会召开启动会议。在会议开始前，她准备了项目成本的讲义，初步的项目计划，提议的活动地点图片等资料。可以说，她准备了一场包含三个主题的深度会议：活动地点、预算和项目计划。

委员会负责做出关键性决定，其中包括香农的一些同事、主管和单位负责人。香农邀请了尽可能多的人来参加此次会议，广泛收集大家的意见和想法。她认为人越多，想法就越多。会议在上午9点钟开始，大家都准时到达。大家就交通状况以及昨晚的暴风雨进行了一番闲谈，当然也查看了手机上的最新信息，之后，香农感谢了每一个人的到来，并开始了她的会议。她很惊讶地看到她邀请的人都来了，同时也很高兴看到这个中等规模的会议室，只有站着才能放下所有人。她开始说话，今天想讨论的事情有三件：活动地点、预算和项目计划。她希望能够在这次会议中完成这三件事的讨论。

突然，香农的同事阿曼达跳了出来，开始谈论她的爱人在城市北边一个很棒的地方举办的一场令人惊叹的活动。接着她描述了那场活动的详情，房间呀，水疗服务呀，等等。她说："我们真的应该好好看看这个地方！"阿曼达的上司特蕾西（Tracy）说她也听说过这件事。香农的上司之一曼努尔（Manuel）插话道："但我听说它很贵。"他还说："尽管如此，我们还是应该探讨一下。毕竟我们的活动一年只有一次，这对销售团队而言是一种激励。"然后，他要求香农分享预算计划。

香农迅速在头脑里将她准备要谈论的活动拟议地点切换到预算文件。但当她开始分享数据时，每个人都在问："怎么会这么贵？""我们需要花钱买礼品袋吗？""我们准备设计什么样的礼品袋？""人们会用到礼品袋吗？"

香农瞥了一眼她的手机，震惊地发现已经9点55分了，人们正准备退场，准备参与下一次会议。单位负责人萨姆（Sam）是第一个离开的。整个会议过程中，他没有说一句话，只在离开时说："香农，听起来你还有很多工作要做，可能你需要开更多的会议。"

几分钟后，所有人都离开了房间。香农坐在那里，手里拿着夹在回形针里的讲义和装有场地选择方案的笔记本电脑。她觉得自己什么都没有完成，现在她得和大家再安排一次会议。

香农的经历比我们想象中更常见。这让人沮丧，你不能从会议中得到你想要的结果，参加你会议的人也不能离他们的目标更近一步。

格里小贴士

每一次会议——无论长短——都应使你更加接近目标，或者至少应朝着正确的方向前进。否则，这就是被浪费掉的会议。

拥有明确的目标——你想从会议中、参会者或者决策者那里得到什么——是对抗秩序混乱的最好方法。香农的遭遇不是任何人的错，没有人蓄意破坏她的会议。人们很容易在会议上分心。记住，当人们走进来时，你不知道他们在想什么。他们是刚从一场紧张的会议中走出来的吗？还是刚刚与同事或者客户通完一次耗费心神的电话？他们是否在全神贯注于自己正在做的事情，认为你的会议打扰到了他们？每个人都可以在脑子里想事情，这是我们都拥有的权利。因此，你越早明确自己想从会议参与者那里得到什么，你的会议就会变得越高效。

设定目标并不困难。我通常在计划议程之前先问自己一个问题。它可以简单如下：

· **在会议结束时，我想要什么结果？**
· **在会议结束时，我需要做些什么来推动会议向前发展？**

既然你只是在自己问自己，那就让答案自然流露出来吧，但是要把它写下来。这将形成你会议目标的雏形。接下来的部分才是重点：我们需要在会议开始时就分享目标。

如果你不分享你的目标，参与者就不知道该如何帮助你达到目标，他们所要做的就是"贡献"他们的想法。虽然这一切都是出于好意，但请记住香农的遭遇！如果香农一开始就说以下这段话，其结果肯定会不一样。

谢谢大家的光临。我们有一小时的时间来讨论三个关键问题。一个小时的时间可能不够详细地讲完所有细节，但是我想在你们的帮助下实现以下目标：

·**选址——我想和你们分享三个符合我们的预算，并且收到之前参与者很好反馈的活动场地。**

·**预算——我将与大家分享我们预算的五个组成部分。这样做的目的是为了让每个人都能明白钱花在哪里了。**

·**项目计划——我将分享我们计划的七个领域，并希望你们考虑你们自己能在哪些领域发挥作用。在此基础上，我们将成立七个较小的工作组，每个组独立开会，只有在需要更新信息时才以一个较大的工作组聚在一起。**

我会在25分钟内对这三点进行说明，然后我将在会议的第二个部分留出时间和大家一起探讨细节，分享各自的观点。大家都清楚我们的会议流程了吗？我很想听听你们的想法，但是首先，请允许我先说完我的内容，这样大家才能对今天我们需要完成什么有一个整体的构想。

在整个会议过程中，大家可能仍然会有一些疑问和想法，但是香农已经提前表明了她所期望的会议呈现方式。在很大程度上，人们会同意这种会议形式，因为他们会有发表自己观点的机会。提前设定一个清晰的结构，可以让与会者知道会议中需要完成什么，以及他们可以提供的帮助。会议的顺利进行离不开参会者的配合，他们的参与度很关键。但是，无论如何，在有限的时间里完成不止一个话题的讨论，必须保证会议的条理性。

....

格里小贴士

　　提前设定一个清晰的会议结构，可以让与会者知道会议中需要完成什么，以及他们可以提供怎样的帮助。

....

　　提前为会议做好准备是会议成功和高效的关键。虽然要花时间，但这并不需要我们很大的投入。通常你只需20到30分钟的时间投入到会议的计划上，几乎就能保证会议的效率。

　　既然你已经有了结果或目标（你想从这次会议中实现的目标），就可以制定你的议程，包括为实现这些目标所需要涵盖的项目和主题。

制定议程的六点建议

　　虽然制定良好的议程没有硬性规则和捷径，但是经过多年开会与参会的经历，我总结出了一些经验：

　　（1）把议程分成两部分。前半部分包括你必须完成的事项；后半部分当然也很重要，只是优先级较低，可以根据需要转到其他会上讨论。

（2）每项议程之后都要有一个明确的要求。像这样：

·议程主题：活动的主题——需要就此达成一致并做出决定。

（3）使用子项目符号来引导和保持参会者的注意力：

·议程主题：用餐——a.休息餐：自助餐或代金券

　　　　　　　　　　b.工作午餐：盒饭或自助餐

　　　　　　　　　　c.晚餐：酒店或在外用餐

（4）在议程的开头，列出你想在会议结束前达成的目标。这将有助于引导会议方向，并使事情步入正轨。

（5）在议程的各个主题之间留出足够的空间让人们记笔记。这将有助于他们记住需要采取行动的项目（稍后我会对此进行更多的讨论）。对参会者而言，这是一件简单的事，带走的笔记本可以提醒他们会上的内容。

（6）有了目标和议程在手，我喜欢在会前做的最后一个准备（一旦我知道电子邮件或电话会议不起作用而必须开会时），就是MAPIT。这是我的一项发明，它是帮我指导会议的头脑框架。其具体含义如下：

MAPIT

M——成员

A——行动项目

P——优先级

I——确定领导者

T——守时

1. 成员

为了达到既定目标，你需要邀请适合的与会人员。还记得香农的例子吗？她把公司中的每一个人都邀请到了。这是一个很包容的举动，有时候是好事，但是鉴于她的目标，这样做并不利于她初步会议的顺利开展。人多口杂。问问你自己：谁需要参加这个会议？

....

格里小贴士

初步会议上邀请太多的人，可能会导致参会者兴趣缺失。只邀请那些你认为很有必要来的人就够了。

....

如果你需要做决定，确保决策者在场。

如果你希望来一场头脑风暴，尽可能多地邀请人前来。人越多越好。

如果你需要制定战略，请来能帮助做出战略决策的领导。

如果你需要传递信息，那就找一些能帮助你建立有意义的、恰当的沟通方式的人。

如果你必须提供更新的资料，那就请那些确实在做这项工作的人，让他们来同你分享。

以上这些看似很简单，不会出错。但是，相信我，让不适合的人出席会议很常见，这正是会议效率低下的原因之一。

2. 行动项目

行动项目对于展示我们正在向着终点进发至关重要。如果没有行动项目，就没有事实证明你正在前进。一旦决定了行动，你就有了进展，就这么简单。就好的会议而言，有进展很重要。

我坚信人们应该为自己的言行负责。然而，我们对员工的问责力度是不够的。最后，在决定下次会议要做什么这件事上，要确保每一个人会尽职尽责地完成他们应该做的事情。一个简单的"行动条目电子邮件"可以在同一天完成，只需在邮件中列出参会者的姓名和下次会议的具体任务即可。

我发现，在下次会议之前分享行动项目清单是非常有效的。我称之为"终结责任"。会后，我很清楚我需要做什么；在下一次会议之前，我会记得我需要展示的内容。如果人们不能参加下次会议，确保他们把自己的工作成果发给了你，让你可以拿到会上分享。不参加会议，不是完不成任务的借口。

一旦人们承诺要做某件事，并且看到自己的名字出现在旁边，就很难逃避责任，所以这个团体就变得自治了。关键是在会议结束之前让他们知道，他们在会议结束后会立即收到一封电子邮件，提醒每一个人应该完成的行动条目。接着，在下次会议之前，会再收到一封电子邮件，以提醒他们在会议上的角色。行动项目会推动事物前进。

3. 优先级

尽管我们的初衷是覆盖议程上的所有项目，但是，这是有挑战性的。有些议题花费的时间要比预期的长。当需要在一个主题上展开讨论，我遵循的原则是：如果这个讨论能够引导我达成此次会议的目标，我会让它继续，因为我需要一个结果；然而，如果它与我需要实现的目标没有直接关系，我会简单说："让我们就此打住吧。"有时候，我们只需这样一个短暂的干预就能继续前进。其他人会感谢你的发言的！

· ·

格里小贴士

设定优先级有助于确保你从会议中得到需要的东西。在会议前半部分，探讨"必须涵盖"的主题。

· ·

设定优先级有助于确保你从会议中得到需要的东西。之前我提到过，在议程的前半部分应该列出"必须涵盖"的主题，后半部分应该列出"重要但不关键"的主题。这能帮助你从会议中得到你最想要的东西，即使有些话题我们没能涵盖，也不会妨碍项目的推进。

4. 确定领导者

与会者的参与度是会议的另一个重要指标，这一点我会在本章的后半部分讲到。当务之急，让我们想想在准备开会时，谁能够在各种各样的主题和任务中担任领导角色。这一步能完成许多事情——任命、责任分担等。获得责任感可以提高人们的参与度，当你找到合适的，能为你的工作献计献策的人时，每个人都是赢家。

在南非茨瓦内举办的一次研讨会上，我学会了如何确定领导人，以及在会议上最好安排不同的领导人。这背后是有着非常恰当的理由的。首先，你不需要独揽所有的工作！如果你负责所有的准备工作，幻灯片、打印、做所有的发言、达成共识等等，你可能会不堪重负。为了解决这个问题，我在南非认识的人使用了一种叫作"共同主持会议"的理念——让其他人来主持会议，或者主持会议的一部分。这样做能够给其他人提供提升会议主持能力的机会。

与此同时，你也可以成为会议的观察员。想想共同主持会议的好处：你不用为发言费神，可以更多地将精力放在倾听上。你可以更好地观察会议的进展情况。它在发挥作用吗？如果你想保持会议的活力，如果你想提高人们主持会议的技能，那就和别人一起主持会议。

5. 守时

保持准时。就这么简单！时间安排对会议的重要性不言而喻。如果你被邀请去参会，结果会议推迟了半小时才结束，以致耽误了其他事情的进程，你该有多糟心？如果你能遵守自己的时间安排，或者更好一点，提前几分钟结束（比如提前10分钟），那说明你可以有效管理自己的时间，并且是一位高效的会议主持者。

守时从议程开始。在议程里安排太多的事项的话，时间会不够。在流程中使用子项目符号将会有所帮助，因为它能指引你达成目标。

让某个人提醒每一部分的用时也很有帮助。关键是要及时转至下一个主题，但要对当前的主题做一些总结。例如，让某人在这个特定环节提醒，进行"下一步"，或是在下次会议上再来继续汇报（注意：这可以成为一个行动项目）。

遵守时间意味着你尊重参与者的时间。时间是一种极其宝贵的资源，每分每秒都很重要。下次你提前5到10分钟结束会议时，看看人们的反应。你会收到意想不到的感激！

设定目标，制订计划周密的议程，使用MAPIT提前准备，这些都有助于防止会议中的"行为混乱"。此外，你的会议将更有条理，主题更集中，目标更清晰。而且，你会引人注目！

罪之三：迟到

你是否曾因为与会者迟到而不得不重新开始会议？你是否因此断了思路和会议的连贯性？

艾哈迈德（Ahmad）的故事

艾哈迈德看了一下手机，时间是下午2点07分。这只是一场关于他们即将发布的营销资料的更新会，预计不超过30分钟。除了他的上司简（Jane），所有人都到了。简几乎每次开会都迟到，他左右为难，不知道该不该直接开始，因为他发现与会人员已经有些焦躁不安，并开始用手上的各种设备来处理自己的事了。等到2点11分，他决定不等了，直接开始。他的会议议程很简短：展示三种营销材料设计，获取大家最喜欢哪一个的反馈，以及分享月底发布的时间和细节。

虽然开始晚了，但艾哈迈德将时间掌控得很好。他完成了设计展示，并得到了大家的反馈，了解他们偏向于哪一种风格，以及还需要做出哪些调整。2点23分，他正要进入议程的最后一点，即启动的时间和对每个部门的影响，这时，简冲了进来。她为自己的迟到感到抱歉，接着环顾一下房间，希望能了解设计选择到了哪一步。她说："对不起，伙计们。这一天过得也太快了！艾哈迈德，我错过了什么？"

艾哈迈德回道："我们刚刚完成了营销材料的设计选择，获得了每个人的反馈，即将讨论产品发布的细节。"

"嗯，"简说，"我真想听听大家的想法。大家觉得这三个设计怎么样？"

最终，会议在下午3点10分结束，推迟了40分钟。现在，每个人都快迟到了，他们即使匆忙赶回办公室也晚了。

罪之四：参与度低

你是否曾参加过只有你一个人在全身心投入的会议？你是否曾试图寻求意见或反馈，但团队却保持沉默？当你试着就某件你需要参与的事情进行对话或讨论时，你是否感到痛苦——就像拔牙一样？

杰森（Jason）的故事

杰森环顾会议室，问道："大家谁有问题要问吗？"但是，回答他的只有呆滞的眼神和别开的脸。在大约20分钟的时间里，他一直在动态更新，直到即将进入到下一个会议议程。但是在这之前，他想先征询一下大家的意见和反馈。毕竟，这是一个工作小组，他们应该就事情如何进展发表看法。

辛迪（Cyndi）通常会分享自己的观点，所以杰森首先向她望去，但是发现她正翻看着自己的手机，可能是在回邮件或者发短信。"好吧，那我们继续讨论这次事件的主题。关于主题谁有什么想法吗？"会场再一次陷入沉默。幸运的是，鲍勃（Bob）突然开口说话了："我想，今年如果能设定一个英雄主题，可能会很好。"

"好，很好。"杰森说，"其他人赞同这个观点吗？我们如何建造这个主题呢？"大家回馈给杰森的，只是冷漠，以及"老天保佑，千万别选我"的表情。"那其他的想法呢？你们一定有可以分享的东西吧！"

杰森看看手机，发现这次会议只剩几分钟的时间了。于是，他要求大家都思考一下主题，以便下次会上讨论。大家都点点头，高高兴兴地收拾好文件夹，离开了。

杰森原本指望他们可以更投入，因为每个人的角色都已经确定好，而且，这已经是他们在一起开的第二次会议了。

让人们参与进来

好的会议经常使我想起小时候我最喜欢的活动之一——

搭乐高积木。与搭乐高积木类似，好的会议中产生的结果是从大家相互借鉴的思想中得来的，有无限种可能性。事实上，如果你能从观点讨论和分享中得到启发，你就会知道这是一个很棒的、参与度很高的会议。这种体验很好，它经常能推动进展，让每个人对最终的结果感到兴奋。

然而，让人们参与到会议中通常都不太容易。我想你自己也十分清楚这一点，因为我们都习惯了在众多的会议上做个舒服的被动参与者。但是不用担心，这种情形是可以改变的。我会给你们分享一些我成功使用过的技巧，即使会议中最闲散的人，也能变成充满热情的积极分子。

第二节　会议时间到了，还需要再等一等吗

迟到是我们在工作中都会遇到的问题。总会有一些事情使我们迟到，有时候原因在我们自己，有时候也会如以上情况一样，别人也会导致会议的推迟。会议的一个黄金法则是：准时开始，准时（或提早）结束！这里有一些避免迟到的措施。

如果有人在你的会上迟到了，最糟糕的事情就是告诉她或他都错过了什么。这样，其他人就不得不干坐在房间里，听你复述会议内容。每个人的时间都值得被尊重。如何处理此类情况，可以反映你是否具有效率。

以下这些方法可以帮助你避免迟到问题。

1. 以守时著称

守时的名声会传开。我可以肯定你一定清楚哪些人从来不会迟到，他们总是将时间安排得恰到好处。这不是偶然，而是个人的意向选择。有意识地去努力做到准时，可以做一些简单的尝试，比如：

· 提前10分钟开会。

· 为计划外的推迟做出解释。

· 不要做一些你知道会超过预计时间的事。即便是几分钟也有可能会难以预料地延长。

例如：

禁止——

· "迅速"回复电子邮件。

· 接听电话。

· 在某人的办公桌旁停"一小会儿"。

· 点咖啡。

这看似只会花费很少的时间，但是，我们都经历过别人因为这些事情而导致的拖延。没有人会喜欢这种感觉。

2. 马上开始会议

我记得在大学里，不管是不是所有人都在教室，教授们都会开始讲课。同样的规则在这里也适用。在以上情形，艾哈迈德之所以感到纠结，是因为迟到的人是他的领导，他觉得必须得等她。然而，他本可以以不同的方式完成一些事情。按时开始。在下午2点钟，他本来可以开始会议，先探讨一些关于产品发布时间的后勤准备工作，而不是上来就开始选择设计和反馈环节。假设他的上司简需要在场听取反馈意见，那么只需要他稍微调整一下议程顺序，便可以按时完成任务。当然还有其他的选择，那就是当简到场后，告诉她自己已经收集到了所有的反馈，会议结束后他会留下来与她分享。

3. 保持会议向前进行

如果有人迟到了，不要让自己重述已经讨论过的内容。你可能会想，那只会花短短几分钟的时间，但是，那从来不是"仅仅是几分钟"而已的事。除了让之前听过这些内容的人感到厌烦之外，你还会降低其他人的参与度，别人很有可能会开始玩手机，或者回复电子邮件。再重新吸引大家的注意力就不容易了。与其如此，倒不如告诉迟到者会议议程进行到了哪里，并接着往下进行你的会议。他们如果自己无法

赶上进度，会后（如果有必要）会找你咨询相关情况的。你
会惊讶地发现，很快他们就能自己跟上进度。在这一点上你
没必要为他们操心。

4. 准时结束

总会有一些办法让大家知道现在是什么时间。用一些语
言指示，如"我们还有10分钟的时间，我想同你们分享完最
后一项"，或者"还有5分钟，在会议结束之前，你们还有什
么问题吗？"这会让参会者明白，你在密切关注着时间，并
且会按时结束。直接说出还剩多少时间，是设置会议节奏很
好的一种方式。人们会和你一同积极参与到会议中，一起努
力让会议按时结束。最糟糕的事莫过于在会议结束的时候，
听见人们说："啊，我没想到已经这么晚了！"

如果你把最重要的事项安排在会议的上半部分，当你落
后于计划时，你可以把议程中没讨论到的后半部分留到下次
会议。对必须要处理的事情保持敏感度，能够确保你解决关
键问题，使你的工作向前推进。

在会议中做到准时——按时开始，不浪费时间向迟到者
复述内容，准时结束——向他人传达出你会很好地掌控你的
议程和时间。同时，这也表明你善于管理时间，能对人们进
行有效的引导，从容应对意外的中断，所有这些都能给人留
下深刻的印象！

第三节　怎样开会才能让大家都抢着去参加

1. 设置游戏，活跃创意思维

3M是我认为最有创意的公司之一，在当今的市场上，他们生产出了一些最实用、最有趣，同时也是最新颖的产品。我曾经读过它的案例，他们就是用这个技巧使人们变得更有创造力和参与感的。他们在会议上，提供了一些游戏项目。对，也就是玩。当我们把思维从工作模式转移到娱乐模式时——哪怕只有几分钟——我们的想法也会顺畅得多。

格里小贴士

　　游戏是吸引人的好方法。当我们把思维从工作模式转移到娱乐模式时——哪怕只有几分钟——我们的想法也会顺畅得多。

当谈及如何吸引人们参与时，"玩"是我的人生箴言之一。我们的生活和工作都围绕着紧迫的截止日期和无休止的文件修改装订。这就产生了所谓的"僵尸化的员工"。解决方法就是让他们再重温简单有趣的生活时光。

下次开会时，如果你需要人们发挥创意或展开高质量的讨论，不妨试试下面这些东西，这些东西在你当地的几元店都很容易买到：

- ·挤压球。
- ·橡皮泥。
- ·培乐多泥胶。
- ·五颜六色的魔术笔。

这只是我使用过并十分有成效的物品中的一部分。当你开始朝"玩儿"的方向思考时，会有无限的选择，希望你能从中得到乐趣。

当人们进入房间时，他们会注意到这些物品，可能会马上拿起来就开始玩。鼓励他们这样做，但不要告诉他们这样做是为了激发他们的创造力。只是邀请他们玩，祝他们玩得开心。通常情况下，大多数人不需要鼓励就会被它们吸引，当然这取决于你所在的群体。你会发现，人们会开始谈论他们最后一次看到这些东西的时候，而这立刻会使他们转变想法，不再认为这"只是又一个无聊的会议"，而是"很酷的会议"！

2. 设定预期，更好地达成会议目标

这似乎是显而易见的，但是，让人们清楚地知道你想要什么，以及你希望他们在会议上做什么，是非常重要的。完

成这项任务的一个好方法，就是发送一个简短（再次强调：简短）的电子邮件，分点列出你希望他们给会议带来哪些帮助。我之所以强调要简短，是因为我见过许多邮件提醒，其中有图表、附件和无数个段落，试图以此设定预期。但是，现实情况往往是，大多数人只会读开头的几行，如果消化信息太费劲，他们就不会读剩下的内容。我认为一个好的邮件提醒，应该如下例所示：

收件人：艾哈迈德，香农，约翰

抄送：

主题：今天的会议

大家好！简单地对我们今天下午的会议做一些要求：

（1）带来三首你认为能给会议增加活力的歌曲。

（2）基于上一年度的活动：哪些是我们需要再次执行的？哪些是我们应该去掉的？

（3）最后，你认为今年的活动我们应该将哪些方面纳入考虑范围？

谢谢，下午2点见——海景房（6楼）

3. 允其走动，活跃氛围

我曾经参加过一个会议，每个参与者都收到了一些圆点贴纸（红色、绿色和蓝色）。这些贴纸在任何文具店或者大多数一元店都能买到。当参与者进入会场时，他们看到墙上的白纸板上，在顶部写着会议的几个主题。

....

格里小贴士

　　让人们在会议期间四处走动，是能够让人们积极投入到会议中的好方法。它能有效提高参与者的活跃度和参与度。

....

　　参与者被要求，将一个绿点放在他们认为最重要，且应该被包括在即将开展的线下活动的议程主题上。与此类似，蓝色的点表示重要但不是必需的，红色的点表示他们认为不重要的话题。

　　选择各个主题重要性的练习也可以通过举手来完成（一种更常见的方式）。但是，这种贴小圆点的方法创造了一些独特的东西，而那是没法用举手来完成的。它使人们在房间里走动，这样做总是能创造更多的活力。同时，人们会相互讨论他们的选择，这创造了沟通和交流的机会，并可以在任务早期给小组前进的方向提供指示。当每个人都完成了他们的选择时，房间里的讨论已经很热烈了，此时向人们询问他们选择的理由和反馈几乎是一件轻而易举的事。让人们在会议期间四处走动，是使人们参与进来的好方法。它能有效提高参与者的活跃度和参与度。

4. 播放音乐，增加活力

虽然不是所有的会议都需要它，但我认为很少有会议不受益于某种类型的音乐——音乐能改变人的情绪。回想一下，当你开车的时候，收音机里播放着你最喜欢的歌曲。如果你同我一样，你的情绪会马上得到改善，精力也会随之提升。如今，音乐几乎可以在任何设备上播放，在人们走进房间时，播放一段曲子是很容易的事情。

我从举办会议中学到的是，无论是在人们进入会场时，还是作为会议本身的一部分（例如，为一个活动选择歌曲），使用音乐的会议无疑会增加活力和娱乐性质。不要低估这个技巧。改变情绪的能力是一种强大的工具，它可以最大限度地发挥人的价值，提高会议的效率。因为你提升了人们的情绪，他们在会议结束后的感觉更好，而这会产生额外的好处——人们会认为这是你的功劳，这是一种不错的方式！

5. 准备食物，让其放松

根据你安排会议的时间，你可以招待一些因为错过午餐而饿坏了的人。我说的"食物"不是指正餐！零食可能是更好的描述方式。每当我和客户一起看视频的时候，我总是尽量带着爆米花，因为这通常是人们对看电影的联想。所以，当他们看我的视频时，他们会联想到一些愉快和美味的东西！之前我成功用过的其他东西包括甘草糖、嘀嗒糖和皮礼士糖果。无论你决定分享或提供什么，要确保它们方便食用，而且尽可能的有趣。人们通常很难买到的童年物件或零食可以创造更多的乐趣。除了有趣，增加糖分对提升创造力和活力也有好处。

6. 提供便签，发散思维

头脑风暴是很有挑战性的，尤其是在你刚开始开会的时候。下次当你需要开展头脑风暴时，试试以下方法。在我为一家IT公司改进流程的一次战略会议上，我告诉所有人，他们有一分钟的时间写下他们目前在使用现有流程时所遇到的问题。规则是把每个问题都写在便利贴上，所以，在一分钟结束时就有了10个或更多的问题。在这个练习完成之后，我告诉他们，他们还有一分钟的时间写下10个我们可以探索的快速修复方法，我们可以通过探讨来解决流程问题。

在会议开始的5分钟里，我让8位高级经理积极参与进来，得到了80多个可能的解决方案。是的，很多想法是相似的，但在会议结束时，我们得到了10个预计采用的可靠方案，并将其呈现给了领导层。

在头脑风暴中，创造性地从别人那里获得想法能使你与众不同。要有创意，让它变得简单和有趣。 这就是我多年来成功的秘诀。

7. 给予蜡笔，让其放飞想象

下次你开会的时候，如果大家需要在会议上写下自己的想法或贡献，发挥童心，把他们的钢笔换成克雷奥拉蜡笔。拿一个（或两个）大盒子放在桌子中央，看会发生什么。好好享受这个想法吧。它将激发出每个人内心童真的一面，当人们回忆童年的时候，内心里的那个孩子会产生一些最富想象力和创造力的想法——所有这些想法都没有被审查屏蔽，或被过早地消灭。

8. 询问感受，查看会议效果

"你还有什么问题吗？"这可能是在会议中最常被提出的问题，以获得理解、接受和认同。然而，这个问题通常要么是沉默，要么很少有人回答。我不喜欢这个问题（不是说不应该用这个问题，而是不应第一个就用它）的原因是在成年人提问之前，他们需要反思之前的内容，而这需要时间。又因为思考问题需要时间，所以通常会有长时间的停顿——我们都知道，当我们面对观众时，我们是多么喜欢长时间的停顿。

···

格里小贴士

开会的最佳时间是星期二、星期三和星期四上午或下午的早些时候。

···

我发现，询问"我的分享让你们感觉如何"能更有效地得到回应。面对一个问题，比起要做什么，人们会对他们的感受做出更及时的回应。从了解他们的感受开始，你可以更深入地挖掘"是什么让你有这种感觉？"等等。你会发现，使用这个问题会让你更有洞察力，也能自然而然地过渡到其他问题。

什么时候是开会的最佳时间？

相关研究揭示了在一周之内人类大脑的运行规律，这给开会的最佳时间的选择提供了一种可供参考的视角。

周一上午：人们仍然处于周末模式，让他们打开心扉是一项挑战，因为对他们来说，今天还是星期日！

周五下午：人们已经进入了周末模式，他们不准备再为任何工作费神，因为这一周已经耗尽了他们所有的脑力。

开会的最佳时间是星期二、星期三和星期四上午或下午的早些时候。这些时候，人们处于全身心工作的模式，这一周还没有消耗掉他们最旺盛的能量。

这些技巧可以让与会人员真正地参与进来！使用它们，信任它们。更重要的是，享受它们。

在我的公司网站www.gerrylewis.com上，有以下一段话：

"创造玩乐的效果是我的秘密武器。我从不否认我对游戏的依赖。它能引导出最棒的想法，吸引整个团队的注意力，提升他们的精力，点燃他们的激情。并且，它有助于团队成员联结在一起，发挥更大的力量。"

第四节　原来高效电话视频会议应该这样召开

"沟通中最大的一个问题就是产生了沟通的错觉。"

——乔治·伯纳德·肖（George Bernard Shaw），爱尔兰作家

你有没有觉得在电话会议里只有你一个人？

你是否有过这样的经历：当你试图让别人在电话中发言时，你通常所感受到的是十分漫长的停顿？

你曾经遇到过在电话里不停地讲话的人吗？

保罗（Paul）的故事

保罗很早就拨通了会议电话。作为这次电话会议的负责人，他想确保自己在这里迎接每一个人。这个电话特别重要。他的副总裁玛丽（Mary）本周在香港工作，要求他安排此次电话会议。玛丽在与中国香港、马来西亚和新加坡办事处的人交谈后发现，他们似乎与加拿大办事处以及负责外地办事处的保罗失去了联系。

他们的电子邮件交流一直都是愉快而富有成效的，所以玛丽要求开电话会议对保罗来说有点意外。在第一通电话会议上，保罗的目标是让这些遥远的团队放心，他们拥有发言权，大家的问题和建议也会被倾听。

许多哔哔声响起，表明人们正在加入这通电话。哔哔声又响过几次后，保罗对大家的加班表示感谢。电话会议召开的时间是多伦多的上午7时，有些地方与这里有10至12个小时的时差。在一番寒暄之后——主要是保罗的寒暄——电话那头沉默了。

保罗继续他的议程。其实只有一件事情：如何改善这三家办事处与多伦多办事处之间的沟通。

保罗从一些关于如何改善交流的想法开始说起，然后询问大家的意见。迎接他的是一片沉默。

他又问，是否有人认为他提出的时间表是合理的。有几个声音回应说："是的，很合理。"保罗对他们表示感谢，不为别的，就为消灭这扰人的寂静。

保罗又试着用另一种方法，请他们的香港负责人詹姆斯（James）贡献一点想法。但是，当他邀请詹姆斯说几句话时，现场变得更沉默了。最终，有一个声音做出了回应。是香港办公室的安妮塔（Anita），她说："抱歉，保罗，詹姆斯今天因为家里有事，没能参加这次电话会议。"保罗突然意识到，他并不能确定都有谁在接听电话。他问大家是否能表明自己的身份。在大约10秒钟——在保罗看来像是1个小时——的沉默之后，所有的声音似乎都在同一时间跳上线，导致任何一个声音都听不太清楚。保罗心想，"这没有多大效果"。

电话又持续了20分钟，保罗大部分的发言都是"好的""听起来不错"和"是的，我们会的"。当保罗结束电话之后，他才知道副总裁玛丽也在电话中。因为玛丽让保罗稍后给她回电话汇报一下。

格里小贴士

最理想的情况，就是让远程电话会议的参加者感觉到他们像是和你在同一个房间里一样。

我在电话会议上的指导原则是：不要像上面故事中的保罗那样被媒介所左右。你的主要目标之一应该是吸引那些离你远的人的加入，这样他们才会觉得是真的在参加会议。

电话会议成功的四个步骤

电话会议已经成为一种商业需要，在许多情况下，它是一种非常有效的方式，可以用来组织大多数类型的会议。到目前为止，许多（如果不是全部的话）想法的共享既适用于面对面会议，也适用于虚拟会议（电话会议、视频会议、网络会议）。

虚拟会议的挑战在于，你可能无法看到其他与会者，也就很难衡量他们的专注力，也很难让他们保持一定的参与度。当我与国际客户打交道时，电话会议不仅仅是一种选择，而是我们唯一能沟通的方式。以下是我的一些做法，它们将帮助你提高电话会议的效率和吸引力。

1. 知道都有谁在接电话

在每次电话会议前，我都会在面前拉一个清单，详细记载都有谁在接电话——姓名、位置以及任何能帮助我更好地识别对方是谁、他们在电话里的角色或作用的细节，还有任何能帮助我在电话上联系到他们的细节。我经常参考这个列表，尤其是在通话刚开始的时候。所以，我不会说"谁在接电话？"而是以"让我们快速点个名"开始。点名表明了你是这次电话会议的领导者，对参与者也会有帮助。

2. 设定预期

在电话会议之前，会议议程应连同其他相关材料一起发出去。让他们确保自己面前有电话会议所需的资料也是一个很好的做法。

当我开始电话会议的时候，我会再次让他们检查一遍自己的面前是否放有相关资料。我也会在最开始非常明确地告诉他们这次会议的目标和所需时间。

设定预期还意味着让参与者知道他们怎样才能帮助你，并为他们提供一个这样做的过程指导。

3. 点名——使用大量的警示语

让参与者知道你会在不同的时候"呼叫"他们。提前告诉他们，给他们留出准备的时间。当你喊他们时，给他们我称之为一分钟的警示。类似于以下的表达：

"这就是我们上个季度的情况，以及我们下个季度需要达到的目标。现在，我想听听大家对这些目标的看法和可行性的分析。我将从最远的位置开始问起，一步步来。约翰（John），我们从你开始可以吗？"

当参与者得到警示，并对他们应该报告的内容得到明确的指示后，他们会更好地进行准备，也更愿意做出回应。

4. 共同主持会议

提高电话会议的参与度和责任感的另一种方法是，让远程的办事处之间彼此交流，而不是将责任交给电话会议的组织者。就像在面对面的会议中一样，我们也可以在电话会议中共同主持会议。这里有一个例子：

在这次电话会议中，参会的有三个办事处——中国香港、马来西亚和新加坡。他在电话会议开始的时候便可以完成的事情是请这三个办事处的负责人就如何改善同多伦多办事处的交流提供他们的想法。根据他们的回复，保罗本可以邀请三位负责人分享他们作为区域办事处的负责人的做法，让大家都可以从中学习。这种方法能够鼓励三个办事处交流和分享他们的工作方法，同时，也为会议主持者提供了旁观学习的机会。"共同主持会议"或共同领导不仅仅是让远程电话方参与进来的好方法，也是一种获得洞察力的好方式，如果你亲自主持整个会议，这种洞察力是你无法获得的。

最后的思考

在会议结束时，通过点名的方式邀请参与者补充一些他们希望在下一次会议上讨论的问题。总结会议的成果和需要每一位参与者行动的"下一步"，能确保参与者在电话会议结束后采取行动。

这些对电话会议的小小改进，能够帮助你更轻松和自信地对时间、议程和虚拟会议的参与者进行管理，从而确保电话会议的成功。

第五节 没有总结的会议，老毛病如影随形

一、会议的四宗罪

1. 罪之一：浪费。

2. 罪之二：秩序混乱。

3. 罪之三：迟到。

4. 罪之四：参与度低。

二、会议检查清单

1. 我们需要开会吗？

2. 我们需要多长的开会时间？

3. 我们需要每周都开会吗？

三、五个开会的好理由

1. 做出决定。

2. 产生创意。

3. 分享进展与更新信息。

4. 传递信息。

5. 制订计划。

四、记住MAPIT

1. M——成员。

2. A——行动项目。

3. P——优先级。

4. I——确定领导者。

5. T——守时。

五、会议的黄金法则：准时开始，准时结束（或者提前！）

1. 以守时著称。

2. 即使有人还未到，也要准时开始会议。

3. 保持会议向前进行。

4. 总是按时结束。

六、八种参与技巧

1. 快乐游戏，活跃头脑。

2. 设定预期。

3. 让人们动起来。

4. 音乐。

5. 食物。

6. 便签。

7. 蜡笔。

8. "你还有什么问题吗？"

七、电话会议成功的检查清单

1. 知道都有谁在接电话。

2. 设定预期。

3. 点名——使用大量的警示语。

4. 共同主持会议。

第六节　怎样彻底消灭那些制约会议高效的因素

问题：你提到，为了组织一场成功的会议，会议的组织者需要有明确的目标。但是，你如何处理那些因为你的成功而感到自身地位受到威胁的同事呢？其他人并不总是想给你发光的机会，因为他们不想在职场晋升中被人超越。那么在会议中，你如何与有竞争力的同事相处？

回答：这种情况是肯定会发生的，但我也相信优秀的人会永远在职场中闪耀发光。如果你因为别人不给你机会而无法在别人面前表现出色，那么帮助团队发光也同样是一个让你受到关注的好办法。它可能没有那么快，但是人们总有一天会知道是谁做了这些工作，而谁只是想把功劳全揽在自己头上。耐心是一种美德，最终你会得到你应得的。有句谚语是这样说的："当你帮助别人闪耀的时候，你在不知不觉中也照亮了自己。"被人注意并脱颖而出，并不需要你总是站在聚光灯下。

问题：你提出的一些关于在职场中如何更好地开会的建议很有帮助，对此我很感谢。但是，我发现办公室里有太多的人只是在耗时间。他们并不关心公司的成功，而只是想要赚钱。对这些毫无工作动力的同事，我该如何应对呢？

回答：动机是一个很大的主题，我始终相信，没有人会在早上醒来后对自己说："今天我毫无激情，也不会把工作做好。"我相信每个人都希望自己的付出得到认可，希望自己的工作得到重视。有时候，潜在的问题会使他们看起来像"只是为了赚钱"。我的建议是找出他们想参与的事情，并找到让他们参与进来的方法。你可能会惊讶于一件非常小的事情可以激发一种全新的态度。关键是要花时间去倾听，去透过参会者的表面，了解他的内心。

问题：听起来，提前计划会议好像非常重要。那么，当我向参与者发送信息时，我应该提前多久呢？有时候别人会在开会5分钟前给我发来信息！

回答：在会议前定下期望值，是确保会议富有成效的最好方法之一，这会让你的会议向前推进。你的电子邮件应该清楚地说明作为一个团队你需要达到的目标。如果需要，提前阅读附件，确保让人们知道自己应该在会议前阅读附件内容。

大家都很忙，但是如果你让他们看附件，他们会看的。不要以为你放了附件人们就会打开并阅读。让他们去回顾，如果有什么地方需要特别注意，也要清楚地告诉他们。

至于要提前多久发邮件？我认为，至少需要在开会前24小时发出。在开会前不久发送的信息，他们基本不会看到。就算他们看了，也只是粗略地扫一眼，这意味着你仍然需要带着他们仔细看一遍。

附件的目的是让会议更有效率。因此，在考虑发送多少内容（一个人在开会之前能吸收多少内容）以及你留给他们多少前置时间的时候，一定要记住这一点。

问题：我知道电话会议很棘手。你谈到要让每个人都觉得他们像在同一个房间里一样。但当技术出问题的时候，你有什么建议吗？比如，当我们使用Face Time或Skype时，网络连接信号很差？或者当电话线中断了，听不见他们声音的时候？

回答：当技术能起作用时，它是伟大的；当技术崩溃时，真的是一件麻烦事。出问题时的第一条原则：直接告诉人们，你遇到了技术问题，在解决问题的过程中请耐心等待。有时它只是一个小故障，事情很快就能恢复正常。但如果是别人那里出现了技术问题，你听不到他们的声音，就请他们挂断电话，再拨回去。有时候可能一整条网络线都不好。我们应该控制局面，而不是在出现问题时惊慌失措。每个人都可能会遇到技术问题，所以如果发生在你身上也没关系。你是如何解决这个问题的，在很大程度上说明了你的领导能力和解决问题的能力。

当你处理技术问题时，还有一件事：准备一个后备计划。如果技术真的出了问题，给团队发封邮件，让他们知道你正在努力解决问题，并在10分钟内回复他们。控制局面，保持冷静，以解决问题为目标，不要惊慌失措。

问题：我真的很喜欢让人们参与进来的技巧。在我的公司，几十年来我们开会的方式都是一样的，这些会议根本没有效率，也并不有趣。作为一个有一些好点子但资历不高的人，我能做些什么来提高会议效率而又不冒犯别人呢？

回答：我会从一小步开始。把零食带到会议上分享，不要仅仅是一包口香糖。可以尝试从糖果或饼干开始。我个人喜欢爆米花，可能是因为它常让我联想到一些有趣的经历，比如看电影。你带什么东西取决于你，但是最好带一些比较适合分享的东西。

我也会尝试使用白板，如果没有白板的话，就用活动挂图。人们对不同类型的视觉效果的反应是惊人的。用这些东西让他们参与进来。你会惊讶地发现这样看似很小的一步就可以激起大家激烈的讨论，而这根本不需要花费多大的力气。

问题：我是一个内向的人，即使在会议上表达自己的观点都非常困难，更不用说领导会议了。对想出彩的内向者，你有什么好的建议吗？

回答：不管你信不信，当我刚开始我的职业生涯时，我非常害羞。我一直是办公室里资历最浅的。对此，我学会了很好地倾听，而不是为了让自己得到关注而试图去说什么。我会倾听每一个人的意见，然后根据我所听到的，问一个问题来弄清楚会议中比较模糊的点。人们发现我的问题很有帮助，也因此认为我是一个比较客观的人。我用了一段时间这个技巧，不知不觉中，我说得比以前要多得多。很好地倾听是一门渐渐失去的艺术，所以好好磨炼这项技能吧。因为在倾听中，我们一边学习，一边成长。你发光的时刻很快就会来临。

问题：你怎样才能知道什么时候举行面对面的会议或者

电话会议比较合适？什么时候召开电话会议就够了，什么时候不行？

　　回答：我不认为面对面会议或电话会议的最佳召开时间有硬性的选择标准。然而，当以下这些情况出现时，我总是选择面对面会议：

- **当我需要认识其他人，并更多地了解他们时。**
- **当我有材料需要展示时。**
- **当我需要阐述一些事情并得到反馈的时候。**
- **当我必须给人留下深刻印象时（销售）。**

　　对于其他任何情况，真正的问题是你如何组织议程和具体的目标，因为这两种开会方式都是有效的。

　　问题：在会议时间方面，电话会议和常规的面对面会议有什么区别吗？是不是电话会议的时间越短越好，因为我们很难衡量人们的注意力是否集中，还是说在安排电话会议时不需要担心这个问题？

　　回答：我参加过的电话会议，有的比面对面的会议时间短，也有比面对面的会议时间长的。这取决于会议议程和目标。如果目的是获取更新的信息，那么电话会议可能会用时较短。但是，如果是为了得到反馈、意见或某些问题的优缺点分析，电话会议的时间将与常规的面对面会议时间一样长。

这里，关键在两件事情上：

· **尊重他人的时间。**
· **议程上包含哪些内容。**

问问自己，在电话会议结束时要达到什么目标，然后根据这个目标来安排你的会议时间。

问题：用视频而不是语音来打电话值得吗？

回答：一个可视化的工具确实有助于大家的讨论，但是，它本身并不是让讨论变得更好的原因。视频可以增强参与者的体验，但通常视频设置在一个你无法看到所有人的地方，或者即使能看到所有人，他们看起来也很遥远。在以下这些情况下，视频会议会增强人们的体验：

· **见你不了解或之前没有见过的人。**
· **面试一个你要观察其肢体语言的人。**
· **看到有助于表现情境的视觉信息、道具或实物。**

如果会议只是为了交谈、分享或达成一致意见，我相信打个电话就足够了，这通常不会让人分心。

问题：我在IT部门工作，当我召开团队会议时，我总是无法让任何人发言。我试过玩游戏、用蜡笔、食物和音乐。可这些人太害羞了，当我试图让他们参与讨论时，他们什么都不敢说。对于如何让一群不爱说话的人开口说话，你有什么建议吗？

回答：你可能太过努力地想让他们说话和参与进来了。我建议你询问他们在会上想谈些什么，让他们轮流提出会议议程。让提出会议议程和讨论主题的人引导这次讨论。有时候，让人们在会议上负起责任，就能让他们摆脱害羞。这对他们来说是一个很好的锻炼机会，因为有一天他们也需要和自己小组的人举行会议。给他们成功的机会。感谢他们在你的会议中所做出的贡献。

第七节　只说不练的会议效果必定等于零

下次我开会时：

我将以这样的目标开始我的会议，比如：

_____

我会努力与别人"共同主持会议"：

_____

为了保持会议的节奏，并做到准时，我会：

_____

我将使用这些参与技巧：

_____

我将通过以下方式帮助人们在电话会议期间感觉就像在同一个房间里一样：

_____

第八节　反思：本次会议是否达到了想要的效果

....

....

....

....

....

....

....

....

....

....

....

....

....

....

....

....

....

....

第二章

∶

**演讲终极目标
就是获得更多认同感**

∶

你知道吗？

史蒂夫·乔布斯可以为一场会议提前排练两天。

事实证明，如果他们是故事中的一部分，被人记住的可能性会高出20倍。

事实上，你呈现给大家的演讲有三种：你练习过的，你给大家的，以及你希望给大家的。

——戴尔·卡耐基（Dale Carnegie），美国作家和自我完善讲师

你是否曾见过一位演讲者，你希望能如他一般轻松自信地演讲？

你是否曾为一场演讲做好了准备，但是当所有人的目光都转向你时，你却感到手足无措？

你有没有想过，是否有一种独门秘籍可以让每一次演讲都成为"全垒打"？

我对演讲又爱又恨。我工作了多长时间，就在观众面前演讲了多长时间。我的第一次演讲是在1990年的一次购房者研讨会上，当时仅有23人参加，但我却觉得像是有23万人在场。事到如今，我仍然记得那天临近上台的时候我是多么紧张。从那以后，每一次演讲之前我仍然会感到紧张（真的如此），但我学会了如何控制这种紧张的情绪，并利用它来发挥我的优势。我是如何做到的呢？这不是秘密，它是可以解构和分享的。

我是一个伟大的"解构主义者"。我的意思是，我总是试图把事情拆分为一些更小的、更容易管理的部分。你可能会说，我把恐惧一点一点分解排除在演讲之外了。很久以前我就明白过来，当我们在生活中不知所措的时候，不是因为我们不知道该做什么，而是因为不知该从哪里开始。迈出第一步是困难的，但是一旦我们开始了行动，就会保持下去，剩下的事情就会变得简单很多。

我应对准备和发表演讲时的恐惧或麻木的方法，就是将事情分解开来。对于我们需要了解的所有演讲来说，关键的障碍是什么？

- **控制恐惧：如果我觉得快要窒息了怎么办？**
- **相关内容：如果他们不喜欢我的演讲内容怎么办？**
- **观众参与度：如果他们完全走神了怎么办？**
- **表达的活力：如果我表现得不好怎么办？**

通过把演讲分解成这些较小的、便于管理的部分，你就可以直接应对它们当中的每一个，而不会再感到惊慌失措。每一个障碍都可以通过练习、真诚的思考和洞察力来克服，我将与你们分享一些我最好的学习经验。

让我们先从恐惧开始。

第一节　为什么我们经常在演讲中失控

"如果你不害怕，你会做什么？"

你站在舞台边上，等待着被主持人叫上场。前一位演讲者淹没在一片掌声里。你担心你不能像她一样有趣和迷人，或者你哪怕能提供一些有用的信息也好啊。现在，主持人开始介绍你。在念到你名字的前20秒，你的恐慌感迅速传遍全身。主持人对听众们说，你是一位专家，即将给他们分享自己的观点。你环顾观众，全身上下都充满了恐惧感——你的喉咙在收缩，心跳在加速，手心出汗，膝盖颤抖。

然而，并不一定非得这样！

想想上次你告诉朋友你刚刚看的一部很棒的电影，你参加的一场很精彩的活动，或是你去过的一家很棒的餐厅。在和他们说话的时候，你会感到紧张吗？当然不会。你为什么要紧张呢？毕竟这是你非常熟悉的经历和话题。当你分享自己的故事的时候，你一定十分激动，你可能会相当活跃，在叙述故事时感觉时间飞快。这让你的听众感到轻松、享受和愉快。

现在如果我让你重新叙述类似的经历，但不仅仅是告诉身边的朋友，而是把它呈现给满屋子的人——而且大部分的人你都不认识，请想象一下当时的场景。若你和大多数人一样紧张，那种轻松、愉快和享受的感觉很可能会减弱，或者更糟糕，当你分享个人经历时，你甚至会感到焦虑、僵硬或者尴尬。当你把它们告诉你的朋友时，你会有许多面部表情和非语言动作，但是在公众面前，你很可能会遗漏掉这些情绪。为什么会这样？明明是同一个故事，叙述的是同一种经历，是什么造成了这种差异呢？焦虑从何而来？对于演讲，我们最担心的是什么？我们在害怕什么？

有很多原因能使你在人们面前感到紧张：怕犯错误，听起来不够专业，或者意识到在房间里可能有比你要见多识广的其他专家，又或者可能会遇到你无法回答的问题，等等。

根据我的经验，以及对许多经常演讲的人的观察、倾听和交流，紧张的根本原因是害怕被评判。我们担心他们会不喜欢我们，他们并不认可我们的观点，觉得我们所说的不精确或是完全错误，或者认为我们没有足够的经验去讲述这个话题。当我们感觉自己被评判时，我们往往会把注意力集中在那些给我们传达出这些信号（比如皱眉、交叉胳膊或者复杂的面部表情）的人身上。面对那些对你皱眉的人是困难的，因为你不清楚自己能不能通过他们的评判。其结果是，你会将注意力放在那些人身上，因为你想赢得他们的认可。可现实是，你可能太过专注于要赢得他们的心，以至于忽略了房间里的其他人。

当你努力把所有的精力放在你想赢得认可的人身上时，另一个问题是你可能错误地解读了他们传递的信号。他们皱眉，可能是因为他们正在努力阅读你在屏幕上展示的东西，或者那只是他们自然的面部表情。他们把胳膊交叉起来，可能也是因为那是他们自然的状态，或者是房间太冷了。不管这些信号表示的是你在被评判，还是别的什么，这都不是你能控制的东西。你无法控制人们在想什么。如果他们认为你太年轻，太缺乏经验，认为你不可靠，或者不喜欢你，你是无法改变他们的想法的。我的意思是，不要试图控制那些不可控的因素。相反，你应该把精力放在那些你可以控制的事情上。

第二节 为何说"四条守则"是掌控演讲"生命线"

1. 计划

你怎样才能比房间里的其他人更了解你的主题呢？在网上你可以轻易找到所有你需要的东西。你对你的主题了解得越多，你的心里就越有底。但是，我一直认为，要想获得某一主题最有价值的见解，最好的方法是在演讲之前与他人交流。了解别人的想法和他们对你主题的回应，可以帮助你透过表象更深入地认识自己的演讲内容。

人们喜欢探索他人的想法。一些最深刻的研究就是通过访谈和焦点小组的方式得来的。调查提高了信息的可信度，这是事实。他人对某一产品、方案或服务的看法和体验，可以提供大量有价值的见解，这些见解有趣、深刻，能够吸引别人。所以，下次你在准备任何主题的演讲时，可以与他人交流，学习他们的观点，了解他们的喜好。我可以保证，你的内容一定会更有深度，也更加丰富。投入大量时间进去，可以让你真正的掌握这个演讲主题。人们将会注意到你，并且重视你的工作。

2. 节奏和音调

对演讲者来说，声音是最好（也是最没有被充分利用）的工具。你如何表达你的声音，如何清晰地传达你的话语、停顿以及对语气的运用，可以对你的演讲造成不可思议的影响。然而，大多数人不知道如何恰当地使用他们的声音。

首先，记住，热身很重要。逐步提高声音的发声练习和放松脖颈并不只是歌手的事，花时间练习这一点。

其次，把音调和节奏预想成"荧光笔"，凸显出你要强调和让别人记住的要点，就像荧光笔之于读者的作用一样，你的语气和速度对观众来说具有相同的效果。

格里小贴士

把节奏和音调预想成"荧光笔"——凸显你想强调和让别人记住的要点。

在大家面前讲话，每个人都会感到紧张，我也一样！无论我曾多少次站在一大堆观众面前（我没有细数过，估计在过去的10年里，数量大于1000次），在演讲开始时我仍然会感到紧张。当我们紧张的时候，我们往往会说得很快。我想，你一定也在其他人身上看到过这种情况。就像我们只想快点完成它，急忙奔向比赛的终点。

关于节奏，要做的第一件事情是：在前5分钟里，慢下来！无论你是站在舞台上，会议室前面，还是在讲台上（我希望你不要站在讲台的后面），慢慢找到自己的节奏，感受周围的环境。

以下五种方法能帮助你慢下来，让你在表达内容时找到节奏。把前5分钟用来：

·向观众问好。问问他们今天怎么样。在来的路上交通状况如何？午餐/晚餐吃得好吗？根据听众的不同，我相信你可以找到几个（而不止一个）问题与他们互动。当你这样做的时候，你就不会觉得"在舞台上孤零零的"了。

·告诉他们一些关于你自己的事情。请不要就这一点做笔记，在任何时候，你都应该知道你自己是谁。

·接着谈一下与上一位演讲者的内容相关的事情，或者讲与整体的主题相关的话题，让这些演讲之间的联系更紧凑一些。

·讲一个与你的演讲有关的故事。故事是与观众产生联系的好方法，人们喜欢了解任何演讲者"个人的一面"，因为这能让他们知道你是谁。人们天生就对这些事情好奇。

在你花了5分钟的时间来调整呼吸和适应环境之后，你就可以做好开始演讲的准备了。

现在，我们来谈谈音调。你有多少次听别人说过这样的话："他们的音调太单调了，听他们说话让我昏昏欲睡？"单调乏味是最糟糕的说话方式。没有人能自然地用单调的声音说话，但是，当我们紧张时，机械的本性就会控制一切，突然之间，我们的声音听起来就像来自老式的GPS，或者更糟，像是来自《2001太空漫游》里面的人工智能电脑HAL9000的声音一样。

音调是很难形容的，但是，当你听到它的时候你就会感受到。我们都有过这样的经历，当某人的评论带有某种特定的语气——也许是一种严肃尖锐的语气——被认为是负面的。当然，我们在演讲的时候，也可以用一种非常积极的方式来使用音调。

音调像坐过山车一样上上下下。这是一种说话的旋律，因为音调就像"荧光笔"，具有强调功能。你把重点放在哪儿，哪儿就形成你的音调。

·练习。大声朗读以下这句话，试着用不同的音调说出来，用以表达不同的情绪："我真的很喜欢你的新发型。"

通过强调"真的"这个词，你可以创造一种真诚或讽刺的语气。

通过强调"喜欢"这个词，你可以创造一种诚恳的感觉。

通过强调"我"，你可以让那个人知道只有你喜欢他的新发型。

通过强调"新"，你可以表达出你不喜欢他以前的风格。

音调是用来强调的，你如果能把这一点运用到你的表达中去，就会增加你说话的深度。而且，这完全在你的掌控之中。

3. 内容

到目前为止，我们已经讲了两件完全在你掌控之中的事情：你的计划以及你的节奏和音调。第三件事是内容即你要说的话。我知道很多人会把想说的内容写下来，在脑海里排练，期望自己的表达完美无缺。但我可以告诉你，如果你只是在脑海里排练，你的演讲的最终结果不会令人信服。这其中的问题，就是它是"为眼睛而写的"还是"为耳朵而写的"。这是演讲者经常犯的一个错误，他们往往写的比说的好。当我们为眼睛而写的时候，句子的结构是关键。我们选择了具体的用词、短语和标点符号，就能写出一段让人信服的句子或段落。但是，当我们说话的时候，观众是在用耳朵听，而不是眼睛。据我所知，正是因为这个原因，许多人在演讲或者说话时，无法成功地与观众交流。我感觉他们就像在拿着一本手册读给我听。

格里小贴士

在演讲的过程中，不要害怕停顿。它会放慢你的思想，让观众把更多的注意力集中到你接下来要说的话上。

"如果你不能向一个六岁的孩子解释清楚，你自己也不会真正明白。"

——阿尔伯特·爱因斯坦（Albert Einstein），德裔理论物理学家完美的文字写在纸上给人看是很棒的，但是，捧着小册子照本宣科打广告并不是观众想要的。他们想要听到的是简单易懂的语言。在随后的"如何做出震撼人心的演讲"的章节里，我会对此做出详细说明。但是现在，此时此刻，请将你的演讲内容大声表达出来。对着镜子练习很有帮助，或者，与一个好的批判者一起练习，而不是找只会说"讲得真好"的人！如果他们真的这样说，问问他们为什么听起来很棒，让他们列举出3点你刚刚说的内容。如果他们回答不出来，那么抱歉，你的演讲并没有那么"好"。

4. 热情

还有另一件事是你完全可以控制的：与他人交谈时的激情。我常常会听到有的发言者说，他们很高兴来到这里，但是，说话的语气听起来真的很像"天哪，我真希望我可以不用站在这里！"每当这时，我都会暗自发笑。别误会我的意思，兴奋或热情并不在于你有多大声或跳得多高。这是其中的两种表达方式，但这不是我所指的意思。

热情只能发自内心，而不是来自大脑的指令。这种热情是通过一系列相依存的行动展示出来的：

· **你的笑容。**
· **你的眼神。**

·你的姿势。

这些非语言动作协同工作时，告诉了观众你很高兴站在那里，并很希望能够告诉他们一些有价值的东西。但是首先，你必须自己先相信它。如果你自己都不相信你要分享的信息，就不会有人相信你。人们首先要相信你，然后才会倾听你的发言。

每个人在演讲时都会展现出不同的活力水平。有些人天生就比其他人拥有更旺盛的精力，但这也没有关系。没有人应该像别人一样行事。高效的演讲者都有个人的演讲风格，他们不会试图模仿别人。正如奥斯卡·王尔德（Oscar Wilde）常说的那样：

"做你自己吧，因为别人都有人做了。"

最后一点提示：控制你所能控制的——从我刚才和你分享的东西中，你可以控制很多。不能控制的你就忘掉吧，顺其自然。一旦你放手，你就能从额外的演讲压力中解脱出来，并开始寻找自己的风格。也就是说，作为一个演讲者的你究竟是什么样的。接下来，在创建自己的品牌时，把这些经验教训结合起来。重申一下：人们想听你说话，而不是听你模仿别人说话。

第三节　演讲卡壳有哪些"急救药"

演讲者的另一个敌人是可怕的"嗯……"只有当你回听自己的录音时，你才能辨别出这一点。我特别推荐那些刚开始做演讲的人去听听自己的录音。当我们说话的速度快于大脑的思考速度时，"嗯……"就会出现。知道存在这个问题，是解决它的第一步。是的，如果你努力的话，是可以解决这一问题的。我曾经也有这个问题，所以，我是结合自身经历来讲的。

格里小贴士

当我们说话的速度快于大脑的思考速度时，"嗯……"就会出现。知道存在这个问题，是解决它的第一步。

通过学习如何进行停顿的方法，我治好了我的"嗯……"的问题。停顿是很自然的，就像呼吸一样，但是出于某种原因，我们害怕停顿。第一课：不要害怕停顿。第二课：停顿是你的朋友！

"重要的不是知道什么时候该说话，而是知道什么时候该停顿。"

——杰克·班尼（Jack Benny），美国喜剧演员

当你放慢语速，学会如何有效地停顿时，它就会成为你自然的说话状态。这里有一些关于如何应用"停顿"这位新朋友的建议：

· 如果你要发表演讲（必须逐字逐句地写下来的东西），比如一篇公告、一篇颂词、一篇引言，等等，只要在适当的地方加上括号，写上"暂停"就行了。

· 如果你要做一个幻灯片演示，可以使用特殊的动画或表情来提醒自己需要暂停。

· 使用提示词来帮助你记住接下来要讲的内容。提示词能帮助你立即知道接下来要说什么。注意，我说的是触发词，不是句子。诀窍是在低头看笔记的时候，迅速抓住这些提示词，并将注意力重新集中在听众身上。

记住，如果你的大脑没有足够迅速地捕捉到你要说的话，就会出现"嗯……"。上述建议方法可以帮助你，使大脑和嘴巴之间的联系更顺畅。

解决"嗯……"的问题需要练习，但是，最重要的是不要害怕停顿。停顿还有另一个很好的作用，除了能使你

摆脱"嗯……"的问题，它还能让观众把更多的注意力放在你接下来要说的话上。下次你在句子与句子之间或者一句话的中间停顿时，去观察一下就会发现，你的观众会保持沉默，等待你接下来要说的话。这是传达关键信息非常有效的方式。

我的故事：放弃不可控制的事情

1998年，我在加拿大顶级金融机构之一的企业培训机构工作。当时我们正在做卫星培训，我们从多伦多演播室向加拿大所有的分支机构广播内容。每个分支机构都有一个小卫星天线，他们打开电视，就能看到这个信息。管理层建议，既然我在企业培训机构工作，上镜会更好。他们把我送到一名媒体教练那里，而我至今还记得在摄像机面前我是多么害怕。在人们面前演讲尽管是一件很困难的事，还是可以做到的，但在镜头前却是一种全新的体验。除了对着镜头说话的尴尬，我还有另一种更真实的恐惧。我有一只玻璃义眼，而我不想让观众看到我两只眼睛以不同的方式转动。我害怕自己看起来像英国戏剧演员马蒂·费尔德曼（Marty Feldman），他的大眼睛似乎总在朝不同的方向移动。

媒体教练给我的建议是："这是你无法控制的，但你可以控制的是，如何将你对新创意的兴奋在镜头面前表现出来。这就是人们将要看到的。如果你一直担心你的眼睛会做一些奇怪的事情，那么，这会成为你关注的全部内容。"

最终，我加入了一个由主持人组成的团队，他们的目标是通过镜头向全国各地的观众展示自己。我学到了什么是我能控制的东西，并很好地磨炼了那些技能。随着时间的流逝，无论在镜头内外，还是工作和个人生活中，我都能够分辨出哪些是我能控制的，而哪些不是。放手会让你有种巨大的解脱感。至今我仍在继续学习这一点。

第四节　听众没热情，你哪里来的激情

我们都碰到过这样的演讲，演讲者仅仅是变动了一下幻灯片的标题，对关键词进行了"搜索和替换"，然后，瞧，他们的演讲准备好了！添加公司的徽标并插入执行总裁的一句话并不会使内容定制化，观众也清楚这一点。内容，尤其是切题的内容是观众能接触到的东西。这样的内容才会让你在演讲时使他们点头表示赞同。你难道不喜欢看到这些场景吗？我尤其喜欢！

那么，我们如何避免"一刀切"的陷阱，并使演讲内容专属化呢？一场精彩的演讲是关于"我怎样才能帮助你？"的，一定要从这个目标开始。

格里小贴士

　　一场精彩的演讲是关于"我怎样才能帮助你?"的，一定要从这个目标开始。

我怎样才能帮助你?

- ·更好地完成任务。
- ·见多识广。
- ·更快地完成任务。
- ·比别人更有竞争力。
- ·提高办事效率。
- ·达成目标。

　　确定如何帮助你的观众，不仅可以让你即将发表的演讲显得像是特别定制的，而且还可以使内容更加切题，这才是一场精彩、有效的演讲!

第五节　当出现讲着讲着就不知道自己讲什么时，怎么办

　　一旦你找到了怎样才能帮助他们的方法，接下来确定以

下四种类型的演讲中哪一种最能有效地帮助他们。

虽然你的演讲可以分为四种类型之一，然而，对于观众而言，在会议上涵盖这四种类型的因素是很有必要的且非常有趣。这一点很重要。让我们更深入地了解一下每种类型，以及如何在这些演讲中吸引观众。

1. 教育型——提高技能和知识水平

如果你的演讲是为了教育，提高观众的技能和知识水平，为了使演讲更有针对性，提高观众参与度，创造更精彩的演讲，以下有五个有趣的方法：

· 确定目标——提前说明你希望他们学到什么。在这次会议后，他们哪些方面能够得到改善？他们关注的是什么？这对他们有什么好处？

· 从熟悉的过渡到不熟悉的——如果你正在引进一个新的模式或流程，试着从他们已经了解并能做好的事情开始。从他们所熟悉的模式或流程说起，然后展示新版本中所做的改进和增加的部分。在演讲之初，从观众熟悉的领域开始，总比上来就介绍一些全新的东西要轻松得多。参考过去是把人们带到未来的好方法。

· 使用类比——如果你想解释一个问题，找到解决方案，用类比来帮助你将重点讲清楚。有时候，给观众抛出一个带有普遍性质的问题，有助于他们洞察自己的问题。举个例子，如果你想在你的组织中提高服务水平，与其从每个人的具体情况出发，不如从他们都了解的一些小事情开始，比如在餐厅、酒店或其他熟悉环境中的服务。带他们走出自己的工作环境，能减少争论，而且更容易展开讨论，风险也更小。

·练习——人们从实践中学习，而不是纯靠听。如果你正在向他们展示一种新的方法、技术或流程，就让他们自己动手尝试。实践是熟悉新技能的必要条件。我一直认为案例研究和模拟在帮助观众学习和发现自己的优缺点方面是最有效的。当你的听众能够亲身经历，而不只是听别人说，他们会对新技能有更好的理解，并增加他们掌握新技术的可能性。

·测试他们，但测试内容要有趣——人有竞争的天性。把它变成一场竞赛，让它变得有趣，这样会有更多的人学习并且记住你的内容。

2. 娱乐型——提升情绪和场合感

当你的演讲需要娱乐听众，提升他们的情绪，让他们融入，这种类型的演讲从话题演讲到活动主持均适用。这里有四种有趣的方法，可以让你的听众参与进来，使演讲更加精彩：

·故事分享——故事是触动听众心灵和思想的一种强有力的方式。这故事无论是来自个人经历、亲眼看到，还是虚构的，都是引导观众进入你的演讲的有效方式。就我个人而言，我发现那些分享自己个人经历的演讲者能帮助我与他们建立关系，并且还会想知道更多的内容。

·播放音乐——音乐可能是最好的情绪助推器之一。你用不着过细观察，就能看见音乐是如何提升观众情绪，并制造真实的场合感的。找到合适的音乐需要时间和耐心。如果你想找到一首能营造出适当情绪的歌曲，可以使用以下这些指导原则：

——音乐需要为大多数人所熟知。一首新歌可能是你最喜欢的，但如果没有人听过它，它就无法热场。

——它包含的信息应该配合活动或演讲内容。

——歌词不应带有攻击性，人们会察觉到这些词。

——如果使用商业音乐，请与音像供应商核实，确保你的使用遵守了版权规则。

·提高参与度——在任何演讲中，观众的参与都是很重要的，尤其是在一个需要娱乐和搞热气氛的演讲中。观众需要感受特殊的气氛，他们想成为关注的焦点，想知道为什么你的活动是这样一个"场合"。弄清楚你的会议属于什么样的场合，如果是庆祝活动，那就庆祝。如果是为了对大家的工作表示认可，让他们觉得自己是这个房间里最重要的人。记得2014年的奥斯卡颁奖典礼吧，主持人艾伦·德杰尼勒斯（Ellen DeGeneres）把她一贯主持节目的风格带到了剧院的观众面前。她与观众互动的能力让整场晚会与众不同。虽然我并不建议你每次都走到听众面前让他们参与进来，但是，有必要考虑一下吸引他们的最佳方式是什么，以及如何更好地利用他们的活力来提升室内情绪。

·提供游戏——使用游戏让观众获得乐趣很有效果。同样，当这个场合本身就是为了好玩的时候，人们才会准备好要享受一些乐趣。我用过的游戏有很简单的，比如趣味知识或"给那首歌起名字"，也有比较复杂的，类似真实游戏节目，如《歌词猜猜猜》《家庭恩怨》和《交易还是不交易》。游戏本身并不是最重要的。重要的是这些游戏需要是简单的、有趣的和有竞争力的，让每个人有一种真实的场合感。

3. 信息型——意识的构建

如果你的演讲需要告诉听众信息，构建他们在某方面的意识，这里有五个技巧可以让你的听众参与进来，从而使演讲更加精彩：

·你知道吗？——事实和图像是让观众明白你的观点的有力方法。在整个演讲过程中，用它们来设置每一个主题或小节内容。你的数据越直观，它就越难忘。

·三或四点——人们容易记住三四点以内的信息，再多几点的话，就很难记住了。将演讲的每一部分控制在四个关键信息以内。在我参加过的一些精彩的演讲中，演讲者会说："我只希望你们能记住这三件事。"然后，人们真的记住了它们！

....

格里小贴士

人们容易记住三四点以内的信息，再多的话，就很难记住了。

....

·知识测试——与其把内容和图像直接展示给观众，不如提问。以真假判断或多重选择的形式进行测试，能够加深他们的记忆，而且比直接说出来更能提高他们的参与度。你甚至可以尝试让观众们通过举手来进行投票（比如："你们当中有多少人曾经……"）。这是在整个演讲过程中吸引听众的好方法。

·客户评价——别人的评价是对你观点的有效验证。

人们想知道别人是否也有同样的想法。当别人支持你的言论时，你的可信度会提高。

·视频——在演讲中插入视频片段是另一种吸引观众的好方法，同时也能以一种不同的方式表达观点。视频片段提供了除你之外的另一个声音，可以让你暂时休息一下，集中思考下一部分的内容。得益于现代技术的发展，插入视频已经不再昂贵，也不需要动用太多人的力量。只需浏览一下视频网站，就能找到插入演示文稿的短视频。以下是一些插入短视频的原则：

——保持简短：平均不超过3分钟。

——确保它是切题的，而不要把一堆信息扔给观众。

——如果视频诙谐有趣，请确保它的内容不会冒犯到别人。

——对视频进行总结，将其与你的演讲内容紧密联系起来。

——向观众解释你为何选择这个片段。

4. 激励型——激励他们的行动

如果你的演讲需要激励听众，并促使他们行动，这里有六个有趣的方法可以让你的听众参与进来：

·事实和数据——一个强有力的统计数据可能比一系列

的要点更令人难忘。永远要记得，听众记住信息的能力是有限的。明智地运用他们的头脑。

·视觉效果——你一定听说过这样一句话：一张图片胜过千言万语。你只需在社交网上瞥一眼，就会知道，图片、影像和卡通形象是如何表达如此多的信息的。尽可能多地利用视觉效果来表达你的观点。

格里小贴士

视频片段提供了除你之外的另一个声音，可以让你暂时休息一下，集中思考下一部分的内容。

·成功的吸引力——每个人都喜欢得到或者不失去已经拥有的东西。痛苦和收获是激励人们行动的巨大动力。挖掘出听众想得到的是什么，并告诉他们如何达到目标。

·简单的步骤——人们喜欢简单和容易的。如果你把成功搞得太复杂，取得胜利的步骤比中国长城的台阶还要多，人们肯定不会迈出一步。让步骤变得简单吧。想想你见过多少次那些聪明的广告商使用"三步走"这个词。

·采取个人行动——在演讲结束时要求听众做点什么是件好事。有时候，我们知道我们"应该"做什么，但是如果没有人要求我们去做，我们会消极地面对改变。邀请他们参与其中，给他们权限，让他们可以寻求帮助或者鼓励他们挑战自我——所有这些都会激励他们采取行动。

·支持——一旦你驱使他们去改变，就要确保你有办法帮助他们完成这些改变。当人们开始采取措施或朝着你要求的方向前进时，通过提供信息、人力或其他资源的支持，让他们知道自己并不是孤立无援的。

以"我怎样才能帮助你"为中心来展开你的内容，运用我与你分享的各种技巧，你将会吸引并激励你的听众。现在，我们再来谈谈演讲的精力从何而来。

第六节　怎样实现演讲终极目标：获得更多认同感

"当你演讲的时候，你的精力从何而来呢？我需要一些激情！"

我无法告诉你当我演讲完之后，被问过多少次这个问题。我三分之一的精力来自我知道自己已经准备好了，我很高兴能分享我所创造的内容。虽然仍然紧张，但是我准备好了。

我另外三分之一的精力来自紧张感。利用这种紧张的能力，而不是被它击垮，是我希望同你们分享的内容。

我最后三分之一的精力来自大一的戏剧课。对我来说，当我知道我必须把我的最好的水平展示出来时，变得有活力对我来说就是按下大脑精神的开关。就像一个演员进入角色那样，我也进入我个人的"表演时间"。这仍然是我，但是屏蔽了所有其他的干扰。对于这次演讲，我很专注，我处于最佳状态。

前面这些部分里，我们讨论了如何计划和准备一场引人入胜的、有趣的、有用的、相关联的和难忘的演讲。我称之为准备的外在物质方面。接下来，我要和你们分享的是我的"心理"（开始游戏）准备策略。

1. 创造性想象

紧张是自然的，永远不要希望它会消失。我记得有一句谚语是这样说的："在你发表演讲之前，胃里像有一群蝴蝶乱撞般不安是正常的。难得的是让它们随着你的演讲内容有序飞舞。"那么，我们怎么才能做到这一点呢？从本质上讲，这句话的意思是把紧张转化为观众们能够感受到的正能量。说起来容易做起来难，是吗？或许是这样的。这的确需要大量的练习，同时也需要投入时间来调整你的技巧。演讲是一种技巧，同所有艺术一样，没有什么是自然而然地形成的，而对另一些人却不是。如果你认为这是我的天性，那你就大错特错了。我不断地观察、学习、练习，直到我确信自己可以自信地做到将演讲脱口而出并可以在脑海中看清整个演讲架构的程度。让我来解释一下最后一句话——这样的方式可以叫作创造性想象。

看到自己成功地为演讲做准备，其重要程度不亚于提前排练或搭建演讲平台。看到自己成功地演讲是我将紧张转化为正能量的方式。我已经知道在我的脑海中完美的结果是什么，所以，我只需让我要做的事情符合那幅画面。对我来说，这有点像将这些脑海中的景象一张张画出来。创造一幅美丽图画的说明书就在那里，我只需照做就行。

我真希望这是我的独创，可惜它不是。很多作家都写过这方面的文章，包括我最喜欢的作家之一史蒂芬·柯维（Stephen Covey）。他在《高效能人士的七个习惯》一书里，把某个章节命名为："从大脑想象的景象开始行动（Begin with the end in mind）。"

我要做的是完整地走完整个演讲过程，而不仅仅是将在观众面前的部分过一遍。在那之前，我就开始展开想象了。也许解释它最好的办法是带着你将我脑海中关于我自己演讲前的24小时的流程走上一遍。

2. 演讲倒计时：24小时　24:00

我准备好了所有的笔记，无论是PPT幻灯片还是要读的草稿。

我复习笔记，通常它们被放在索引卡片上，因为我喜欢在舞台上走动。

我使用记号笔来标记提示词和可能会用到的其他重要词语。

逐字逐句地写下（仅在排练的时候）我将怎样开场，用什么样的方式结束。演讲和驾驶飞机一样，从起飞到落地都需要完美地执行。

一旦我明确了我想在开始和结束时说什么，我就把这些词写到索引卡上。写下你的开场词和结束语，不要轻视它，花点时间来做这件事。跳过它的话，基本保证你在开场的头五分钟会出现"嗯……"的问题——我认为这是演讲中最让人紧张的部分。为什么要让自己陷入这种窘境呢？

现在，我已经有了索引卡，并用下划线标出了关键词，也准备好了条理清晰的开场词和结束语。

3. 演讲倒计时：12小时 12:00

我想象自己已经站在会议的现场。

我看到熟悉的面孔，看到自己在与他们交流。这是一个安全的环境，在想象中，我感到舒适和放松。

也可以更进一步——我以前经常这样——当你想象的时候，运用所有的感官。闻一闻咖啡，想象桌子上的甜点，味道如何？这些细节能使你的想象更加逼真。

为了制造一个安全的环境，以下是一些你可以展开想象的事情（不仅限于此）：

- ·房间。
- ·家具。
- ·桌子或会场（如果你知道房间的样子）。
- ·你在同他人交谈，微笑或者大笑。
- ·别人积极响应你的热情。
- ·咖啡、早餐甚至鲜花的味道。
- ·你在同老板握手，或者同其他你经常打交道的人握手。
- ·你感到舒适，享受与他人的互动。

我持续着这场想象，我站在候场处，等待被介绍。

下面是我想象的一些事情：

- ·我看到自己坐在桌子旁，周围是我的一些同事。
- ·我看到自己打开记号笔复习索引卡，再三思考着我开场的头几句话。
- ·我感觉很好，我看到我脸上的表情是放松的，我面含微笑，甚至可能会因为台上人讲的笑话而哈哈大笑。

同样，在我的想象中，我很放松，我很高兴站在那里，并已为我的演讲做好准备。

如今，我想象主持人开始介绍我，然后我走上了舞台。

下面是我想象的一些事情：

· 我看到自己准备好了索引卡。

· 当主持人介绍我时，我看到人们微笑地看着我，我回以微笑。

· 我一切准备就绪，主持人说出了我的名字。

· 我看到自己走向舞台，但是我没有盯着自己的脚看，也不匆促。

· 我注视着介绍我的人，自信地走着，微笑着。

· 我看到自己和主持人握手，我听到自己对他说"谢谢"。

· 我看到自己瞥了一眼屏幕，我的演示文稿出现在那里。我还看到用来翻页的远程遥控器，我伸手拿起它。

· 我看着观众，我微笑着，在说出第一句话前安静地调整自己。

· 当我扫视着对我微笑的观众时，我听到自己在说能站在这里我是多么高兴。

现在，我站在舞台上，开始了演讲。当我发表演讲的时候，我的想象仍在继续。

下面是我想象的一些事情：

重要提示：当你在想象的时候，如果发现自己做错了什么，或者在脑海中把开场词记错了，那就从头再来。记住，这是自己脑海中的电影，你既是导演、制片人，也是演员！

· 我听到我一字一句地开始。

· 我听到我的开场白。当我想象的时候，它们是完美的，我听到自己说话比平时要慢许多。这是有意而为之，因为我察觉到，在开始的5分钟里，我将会加快我的语速。

· 我看到自己把握住了开头，开始通过提问或者让他们举手表决来吸引观众。

· 我看到他们在参与我的问题，我用他们的回答来引导我的演讲。

· 我的想象还在继续，但是，在这个阶段，我不需要再想象演讲中的每一个词或每一个方面。

· 请记住，对于大多数演讲者来说，最具挑战性的是演讲开场的前5到10分钟。现在，我已经在脑海中想象了这几分钟的成功，并已设定好成功的形象。

重要提示：现在，我对自己的成功和精力有了一个参考点。这种大脑的编程不仅有助于我们做好准备，同时它也在对大脑进行训练，让它认为你之前已经做过这件事——是大脑的这种训练激励了你真正地去实现了这件事。

我继续这个想象，现在，我想象自己在结束演讲。

下面是我想象的一些事情：

·我看到自己讲到了最后几张幻灯片。

·我看到有人在提问，有人在举手，我回答了问题，他们在点头表示对我的解答的理解和赞赏。

·我看到他们在微笑，我很自信我已经提供了他们所需要的东西。

·我看到最后一张幻灯片，背诵我的结束语。我听到的每一个词都是我写在结束语上的。我听到自己顺利地结束了演讲。

·我看到自己感谢观众的参与，感谢他们给我这次机会与他们分享有用的信息。

·我看到他们在为我鼓掌。更确切地说，是我听到他们在为我鼓掌，而且很响亮。

·他们在微笑，我也在微笑。

·我刚刚做的演讲简直太棒了！

重要提示：你的大脑已经得到了训练！恭喜你！

你真正在做演讲的时候尽管只有一次机会。但是，当你想象完美的演讲时，你想要几次，就可以重复几次。不要小看想象的力量，不仅我在这样做，世界上许多优秀的运动员多年来也一直在这样做，即在头脑中想象自己成功的样子。

我与你分享的建议中，想象自己的成功是非常重要的一个。它可以帮助你创造更精彩的演讲。

最后的建议：练习，练习，练习——就好像你站在那里，而你的观众就在你面前。

格里的回忆

我仍然记得我刚成为一名演讲者的那段日子。作为一名学习专家，我平均每个月要主持5次研讨会，此外还有展示、会议主持和主题演讲。每次活动开始前，我都觉得好像要生病了。我感到焦虑、紧张，完全不像我自己。过去我常常走进浴室，坐在隔间里（有时候会干呕），只是为了让自己振作起来。在很长一段时间里，这就是我的现实状况，直到我意识到，紧张、焦虑和生病的感觉实际上对我是有利的。

我突然想到，我当时的感觉——尽管很不真实——实际上是一种能量——肾上腺素。我意识到，能量就是能量，无论是以何种方式产生的，关键在于你如何使用它。是的，我很紧张。但是，我并不将这种紧张视为毫无准备，而是把它看作是"所有系统都准备好了，即将要起飞"的一种力量。我开始想象我的身体内部有一系列的灯泡，当我距离演讲时间越来越近，这些灯泡依次被点亮，当所有的灯泡都亮起来时，我就准备好了要"魅力四射"！

在我职业生涯的后期，我认为这是一种"在状态之中"——不是紧张或焦虑的状态，而是准备和期待即将发生伟大的事情的状态。在这本书的后面，你会看到，在我的工作和生活中，我如何思考和解释周围发生的事情对结果有着重要的影响。

记住，紧张的能量仍然是能量。关键在于你如何看待和使用它。

第七节　演讲台是你的"遮羞布"还是"救命稻草"

"确保在观众消化完你的内容之前，你已经讲完了。"
——多萝西·萨尔诺夫（Dorothy Sarnoff），美国歌剧演唱家、演员、励志教练

讲台肯定是有目的的，而且在某些情况下是必要的，比如大型的正式聚会。教堂、政治集会和大型的户外活动便是如此。

　　然而，对我来说，当我试图与听众建立关系时，讲台并不是必要的方式。话虽如此，我完全理解在你们面前有一个固定讲台的重要性。你可以把你的笔记和水放在上面，甚至当你在演讲中感到有点紧张的时候，它是稳定的抓手。

　　这些都是你想使用讲台的正当理由，但是，使用它们是有"代价"的。我认为讲台是一个障碍，会影响到你和听众之间的沟通。当我刚开始在公众场合演讲时，我经常依赖讲台。如今，当我想到讲台时，我脑海中浮现出一个驯狮者一手拿着鞭子，一手拿着椅子。他被困在一个屏障里，试图与我拉开距离，看起来无比的脆弱。

　　离开讲台无疑会增加演讲者在听众面前的紧张感，但这也是与听众建立关系的最有效方式之一。

　　我不是一个特别喜欢政治的人，但是我很喜欢观察站在台上的政治家。事实上，我从他们身上学到了很多说话的艺术。我记得1996年美国副总统鲍勃·多尔（Bob Dole）竞选总统的时候，他的妻子伊丽莎白·多尔（Elizabeth Dole）在一次活动上代表他做了一场演讲。我对这件事记忆犹新，就像发生在昨天一样。主持人介绍了多尔女士后，她在隆重的欢迎声、音乐声和掌声中走上舞台。她大步走上讲台，像往常一样向大家表示感谢，并提到她受到了多么热烈的欢迎，她有多么感动。

　　我清楚记得她接下来所做的事情。她说："我是代表鲍勃来这里演讲的，但我同样以朋友的身份来与你们交流。作为朋友，我希望能和你们坐在我的客厅里聊天。即使做不到，我还是想离你们更近一些。这样可以吗？"观众欢呼起来，掌声震耳欲聋。伊丽莎白·多尔随后离开讲台，走到舞台中央，接着走下楼梯，停在第一排观众的面前。她说："现在好多了！"

她的演讲结束时，全场起立的欢呼声可能是我在贝拉克·奥巴马（Barack Obama）竞选总统之前听到过最响亮的。我想说的是，她非常清楚自己要做什么，也明白距离和障碍物会极大地减少与观众的联系。当我站在舞台上的时候，我有时仍然会想起那场演讲。它时常感动着我，提醒我要走近观众。

远离讲台的四个步骤

我知道，你现在在想："我怎么可能在做到这一点的同时还记得要说什么？"有这种想法是正常的。

我不是让你明天就变成伊丽莎白·多尔那样。相反，我建议你不要把讲台当作支撑点。正如我所说，我过去也曾使用过讲台，所以现在我希望能逐渐帮助你们远离它们，直到有一天能彻底摆脱讲台，更好地与观众交流。

第一步：相信自己

如果你随身携带笔记的话，你一定会忍不住翻看。当你写了一些东西，你会照着读，而不是相信自己已经理解了这些内容，这是人的本性。除了阅读正式的演讲稿或冗长的介绍，你不应该依赖于笔记上写的每一个字。你清楚这些内容，所以，要相信自己，要知道越不按照写下来的字"读"，你的演讲听起来就越自然和真实。

第二步："但是我需要提示！"

说得很对。提示可以帮助你流畅地表达你希望分享的东西，例如：一些触发词或者图片。在北美甚至全球，PPT是最依赖于视觉提示的形式。只要你的幻灯片上是提示词，而不是全部的演讲内容，那就没问题。我相信你明白我的意思。我们都见识过这种令人痛苦的表达方式。

专业演讲者和采访者使用的另一个非常有用的方式是提示卡。这些小索引卡片可以在任何文具店买到。当我使用提示卡时，所有我需要的触发词、短语、重要的名字和地点就都在手里了。

第三步：离开讲台

这是最困难的一步。我建议你这样做：

（1）确保你已经准备好了幻灯片和提示卡，这样它们就可以为你提供便于查看的提示。这就是为什么它们最初被称为视觉辅助工具。幻灯片的设计是为了帮助你进行演讲，但它们不是观众应该关注的。你和演讲的内容才是观众关注的焦点。

（2）从讲台上开始。带上你的水，若有必要，把你的笔记和拷贝好的幻灯片放在那里——如果可以的话，最好是在你上台之前做好这些准备。

（3）当你站在讲台上时，说出你的感谢和开场词。

（4）在第五张幻灯片之前，离开讲台。随身携带提示卡，上面要包含提示词和剩余幻灯片的相关内容。

第四步：舒服地回到讲台上

是的，我说过要离开讲台，但是返回参考一下笔记或者喝点水也没关系。讲台不是敌人，只要不让它阻碍了你与观众之间的交流就行。

如果我想回到讲台上——比如喝水或看笔记——一个简单的技巧就是问观众一个问题。比如："你还记得这种事情发生在你身上的时候吗？这让你有什么感觉？"通过问他们问题，你会得到一个绝佳的机会，返回讲台，喝一口水，或者看看笔记。对你的观众来说，这是非常自然的一件事。

两个小建议：喝水是必需的。当我们紧张的时候，我们的嘴会比正常情况下更干燥，在说话的时候，喉咙会发出很大的响声。这是我在镜头前的经历教会我的，这就是为什么我总带着水，当我发现那些绝佳的时间点时，总会喝上一口。

我的第二个建议是永远不要喝加冰的水。不是因为它太冷，我很喜欢喝冰水，但是杯子里的冰会让我们流口水。对，不必惊讶，是流口水！当你喝水的时候，它会轻微地溢出来，使你不得不擦嘴。你会不可避免地找纸巾！只要坚持喝水不加冰，演讲后你会感谢我的提议的。

什么时候需要使用讲台

坦白说，有时候讲台会在演讲中占有一席之地。在下面一些场合，我认为讲台是很有必要的：

1. 高度差的问题

如果你站在一大群观众面前，他们视线所及不能很好地看清你，这时候讲台可能会有帮助。

2. 只有讲台上有麦克风

我去过的一些地方，讲台上只有一个麦克风。如果它不能移动，你就不得不待在讲台后面。当然，如果麦克风可以调节，我会站在讲台旁边（而不是后面）做演讲。在去演讲的地方之前，最好先弄清楚哪些东西可以用。你不会想要"惊喜"的！如果方便的话，可以要求一个能别在衣服上的迷你麦克风。

3. 观众的期望

在某些情况下，考虑到文化因素或者演讲的本质，重点可能不在于演讲风格，而仅仅在于内容——你在说什么，在和谁说话。葬礼等严肃的活动或者颁奖典礼等非常正式的活动里，你是谁不重要，演讲内容才是最重要的。就这一点而言，我认为最好的办法是直接询问活动的组织者。

我希望我已经说服你从另一个角度来看待讲台了，并且等下次在更多人面前演讲时，可以做出一些尝试来摆脱这个障碍。我知道这可能听起来很吓人，但是，我见证了很多人仅仅通过这几个步骤便成了了不起的演讲者。

我相信你也能做到!

第八节　怎样抓住演讲的核心

一、精彩演讲的主要障碍

1.管理恐惧。

2.集中在相关的内容上。

3.观众参与度。

4.精力。

二、你可以控制的四件事

1.计划。

2.音调和节奏。

3.内容。

4.热情。

三、演讲的四种类型

1.教育型——提高技能和知识水平。

2.娱乐型——提升情绪和场合感。

3.信息型——构建意识。

4.激励型——激励他们行动。

第九节　缺少危机处理策略，你的演讲已失败了一半

问题：我喜欢你在"更精彩的演讲"中分享的所有内容，但我经常在演讲的时候忘记思路。不知道为什么，我总是忍不住地去想人们对我的看法，而不是我的演讲内容！对此，你有什么好的建议吗？

回答：试着去寻找一张友善的面孔，人群中总会有这样一张。当我们发现某个人看起来不感兴趣或者无聊时，我们

往往会陷入"他们讨厌我综合征"。与这个相比，我们更应该把注意力集中在和你有良好眼神交流的人身上。我发现，前三排的人会更投入。他们选择这些座位是有原因的——想与你的演讲更好的互动。所以，在前三排寻找友善的面孔，很快你就会觉得自己像是一个摇滚明星！（但是，请不要忽略其他观众。）

问题：我经常发现自己的演讲就像在和朋友面对面交谈一样。我不确定这对吸引观众是否有效。我很想在亲切性、友好性与演讲的"表现力"之间取得平衡。你有什么建议吗？

回答：在演讲中，感觉同观众好像在进行一对一的交谈与只和观众中的某一个人说话是有区别的。后者让你把注意力集中在那个人和他的问题上，以至于会脱离其他的观众。创造一种不拘礼节的感觉，展现出你的弱点，可以让观众更好地与你交流。时常环视房间，并且与坐在中间或后排的人们进行眼神交流。有时候，只关注第一排会让你觉得其他人已经远离了你。牢牢记住这一点：你有东西想与观众分享。对主题的热情和兴趣能使你变得真诚和真实，人们喜欢与真实的人打交道。

问题：我发现沟通和交流是非常重要的技能。对公司的发展来说，你认为把沟通看作一门艺术还是一种技术有区别吗？

　　回答：如果以一种清晰、简洁和意味深长的方式交流，可以引起人们的注意。我敢肯定，我们都曾遇到过这样的人，他们有值得分享的东西，但就是不能很好地表达信息，因为他们的思维很分散，无法长时间赢得观众的注意力，更不用说让他们参与到实际的讨论中来。结果，在这些演讲者说完之后，周围几乎是一片静默。

　　在交流中，"5Cs"可以帮助你给别人留下正面的印象：

　　清晰（Clarity）：你的信息是否使用简单易懂的语言，没有专业术语和缩写表达？

　　全面（Completeness）：当你陈述一个观点时，是否展示出了它的正反两面？你是在描绘整个画面，还是仅仅在展示你想要人们看到的那一面？

　　简洁（Conciseness）：我们拥有两只耳朵和一张嘴，这意味着我们应该听多过于说。这是很好的沟通原则！说你要说的，但是要简明扼要。

　　具体（Concreteness）：用事实支撑结论。可信度建立在事实之上，而非观点之上。

　　正确（Correctness）：我指的是政治和文化上的正确，保持诙谐幽默。

　　问题：当我必须向满屋子的人表达观点时，我真的很紧张。你说要利用这种紧张的能量为自己服务，但你是如何克服最初的困难，说出第一句话的呢？

回答：第一条原则：不要试图摆脱紧张。这是很好的能量，所以请不要期盼着它的消失。这里有一些可以帮助到你的技巧：

（1）提前和房间里的人谈论一些平常的事情（不是你的演讲主题，也绝对不要告诉他们你很紧张！）。这将使你与房间里的其他人保持正常的交流。

（2）开始演讲时，从你熟悉的地方开始，不要上来就讲那些需要大量准备的东西。试着找一个大家都熟悉或者可以引发一些简单讨论的话题来开始你的演讲。记住我的五分钟原则：一旦你度过了最初的五分钟，事情就会慢慢变好。

（3）如果你发现自己仍然很紧张，通过提问来让别人说话。这会分散你的注意力，让你有机会冷静下来，回到正轨。

祝你好运！

问题：对于演讲，我往往会准备过度。当我开始想象我的成功时，我能很自信地站在舞台上。但是如果我记错了一个词或者观众没有如我想象中那样给予回应，我就会僵住，接下来的演讲就会充满紧张和不适。如果一开始就出了差错，你有什么弥补的方法吗？

回答：我希望你能把演讲想象成海洋里的波浪。它们是流动的，可以随风改变方向。你的演讲也应该是流动的。我猜想你在表达最重要的观点时是不是在精确地计划每一个细节。我建议你把准备的重点放在演讲的关键部分，而非关键的某个词上。我也在猜想你是不是把重点全放在一字一句地背诵你的演讲词上，这是有风险的。只要你忘记一个或两个单词，马上会陷入泥潭，不停地寻找那些丢失的，用来串联其他句子的过渡词。我建议你分段准备你的演讲：

（1）你的开场白是什么？

（2）你过渡到第一个主题的内容是什么？

（3）你打算怎样结束你的第一个主题？

（4）你讲到第二个主题上的过渡词是什么？等等。

关于想象的最后一点建议：你要想象的并不是确切的语言和动作。相反，你想象的是当你看到自己能轻松自如地表达时的内心感受。当你知道事情正在顺利进展，人们与你建立了好的关系的时候，这是一种很棒的感觉。当你想象的时候，用心感受它。当你站在舞台上时，想象同样的感觉。愿你赶走所有的慌张！

问题：我就是那种喜欢演讲的人！当我走上舞台和人们交谈时，我感到很兴奋。我认为你关于演讲准备的建议很好。即使我很喜欢演讲，我还是想做得更好。对于那些演讲水平还不错但是想继续提高的人，你有什么建议？

回答：很高兴能听到你喜欢演讲，而且想做到更好。演讲是一个你永远无法停止学习的领域。我的建议是去观察别人的演讲。从别人身上我们能学到很多。我在观看电视节目的时候，可能对他们讨论的主题完全不感兴趣，但我会观察其他的内容——他们如何使用手势，如何在舞台上走动，说话的时候他们看向哪里，等等。优秀的演讲者就在你的身边——去听，去学习。

第十节　怎样避免演讲中相同失误反复出现

下一次我演讲时：

我会"放任"这种恐惧：

_____

在演讲的前五分钟我一定会这样做：

_____

在演讲的过程中，我会通过以下方式提升精力：

_____

为了让内容与观众更加贴切，我会做更多的努力：

_____

第十一节　反思：你对自己的演讲还满意吗

……………………………………………………………………

……………………………………………………………………

……………………………………………………………………

……………………………………………………………………

……………………………………………………………………

……………………………………………………………………

……………………………………………………………………

……………………………………………………………………

……………………………………………………………………

……………………………………………………………………

……………………………………………………………………

……………………………………………………………………

……………………………………………………………………

……………………………………………………………………

……………………………………………………………………

……………………………………………………………………

第三章

：

如何练就面对
变革与挑战的应对能力

：

你知道吗？

影响改革项目成功的关键因素里，90%与人有关。

自愿离开工作岗位的人中，有75%不是因为工作原因，他们辞掉的，是他们的老板。

如果你不给人们提供信息，他们会编造一些东西来填补期间的空白。

——克拉·奥戴尔，美国作家和知识管理专家

为什么改变对人们来说是一项挑战？你有试着回忆你生命中经历的那些改变吗！去年是怎样的？或者上个月？这一定是一项相当艰巨的任务吧！不仅因为生活中的变化太多，也因为确定具体什么才能算得上是"变化"很困难。改变上班的路线算吗？健身计划算不算？发型？我知道，把一些无关紧要的小事当成变化是很可笑的。但对你来说微不足道的东西，对别人来说可能截然不同。

举个例子：我有的朋友因常在最后一刻改变计划而声名狼藉。我们本来计划好，下周五晚上将在我最喜欢的一个餐厅共进晚餐。可是就在周四——晚餐的前一天，他们会打来电话说有人不喜欢那家餐厅，或者他们前不久刚去过那里，所以重新选了一个地方。不是什么大的变化，对吗？是也不是。对我来说，我很喜欢原计划中的那家餐厅，因为我很了解那家餐厅，所以在整整一周的时间里，我一直在思考要点他家菜单上的哪些东西。这一变化，对他们来说是非常微不足道的小事，可是对我来说却并不是无关紧要的。

···

格里小贴士

　　有关变化很重要的两点是：人们通常不喜欢变化，以及人们对变化的反应是不同的。

···

　　另一个例子可能你自己也经历过。你是否曾和别人分享过一则消息，你觉得它无关紧要，可是却发现他们的反应以及随后发生的事情证明并非如此？

　　有关"变化"很重要的两点是：人们通常不喜欢变化，以及人们对变化的反应是不同的。这是我们可以帮助人们面对变化的根本原因之一。了解别人对变化的看法，能够帮助你更好地思考与展开交流，而非局限于自身对于变化的理解上。我们要学会站在别人的立场上思考问题。当你在职场与人共事时，这种能力将会非常可贵。

　　你如何知道他人对变化的看法呢？问。发现的唯一途径就是去问，去找，去探索。

第一节　怎样提问才能吸引更多的注意力

　　如果我们能重新确认一下对方的意思，就能避免很多误解。在会议上，一个问题摆在那里，人们却不问，这常常使我感到困惑。我不知道我们是什么时候失去了问问题的能力。对我来说，那是在四年级到六年级的某个时刻，问问题似乎变成了一件不那么酷的事情。我还记得，当我提出一个我认为很好的问题时，其他孩子的表情。他们翻白眼，偷笑，有时我甚至听到一声叹息。我觉得那是在说："洛维斯，这是有史以来最愚蠢的问题。"即使现在回想起来，也仿佛昨日，我仍然能感受到当时的尴尬。我没有因此而停止问问题，这真是一件幸事。

永记于心的数据

很久以前别人给我分享的一项统计数据对我帮助很大。我清楚记得，那项数据是一位大学教授在他的第一节课上所分享的。他说："如果你有一个问题，很可能其他五个人也有同样的问题，但是他们不敢问。所以请帮他们一个忙，先问出来。"从那时起，我如果有问题，便会毫不犹豫地提问。

当你想要了解别人对变化的感受以便帮助他们渡过难关时，这个原则仍然适用。如果你不问，你永远不知道他们脑子里真正在想些什么。虽然他们可能会点头表示理解或接受，但他们真正的想法可能会大不相同。记住，在表示"同意"上，我们都是伟大的演员，因为我们从小就被教导要听话。

"谁有问题吗？"

那么，如果没有人愿意分享他们对变化的感受，该怎么提问呢？通常，上司和经理们会召开会议来分享动态，并以一个问题结束："谁有问题吗？"我不知道其他人会怎样，这总让我想起四年级时的那些嘲笑和叹息。通常，没有人有问题。即使有人提问，通常也是有关这项变革的技术性问题——新计划的启动时间，同之前的模式以及流程有哪些不同。这无法让你了解他们对待这项变化的看法和感受。然而，了解他们对变化的感受和想法是很重要的。它能让你从外部视角观察问题。

第二节　获取独立见解与洞察力的方法及途径

见解和洞察力是任何领导、管理者或者主管都能拥有的两个强大工具。这是洞悉别人内心想法的"顿悟时刻"，一旦你能理解、尊重别人，并据此与他人交流，你就会被视为一个有同理心、有爱心、尊重他人同时也受人尊重的人。这些是领导者成功变革的先决条件。

什么问题能提升见解和洞察力

如果"谁有问题吗？"不是最好的提问方法，那什么才是？我经常用"思考、感受、行动"的方法去了解别人。当介绍完一项变革后，你可以问以下这些问题：

- ·我同你分享这些信息的时候，你在想什么？
- ·听完这话，你现在有什么想法？
- ·这让你感觉如何？
- ·你觉得别人会怎么想？
- ·这对你接下来要做的事情有影响吗？
- ·你感受如何？
- ·你能告诉我为什么吗？

这些问题不是访谈式的，而是有互动性和灵活性的。我用它们来描绘人们的想法和感受。我一直相信，在任何时候，人们总是很清楚对某件事的感受，而一个人的感受是值得去问、去追寻、去发现的。只是，一旦你问了这些问题，就必须倾听，不带评判性地倾听。

不带评判性地倾听是最难的技巧之一。我们都曾这样过，在别人把话说完之前，我们就已经形成了自己的判断，并急于纠正或批评。当我们开始评判的时候，我们就陷入了一种危险的境地，即对所听到的内容产生曲解和误解。我们的下一步行动（在听完之前）就是准备反驳。

不带评判性地倾听，意味着你需要听完别人完整的想法。即便有不准确甚至错误的地方，你的意图也不是去纠正，而是了解他们观点的来源。听听他们是从哪里得到这个观点的。当你从这个角度看待变化，而不是去争论、辩论，你在带领他人应对变化的时候，会取得更大的收获。

如何在改变的过程中不加评判地倾听

1. 试着从1数到10

在面临有争议性的说法或问题时，你可能听说过"从1数到10"的方法。数数可以帮助我们不加评判地倾听。通过花时间从1数到10，我们实际上是在阻止自己过快地对别人的陈述做出反应，让自己处于更好的状态来应对它。当我们做出反应时，它通常是情绪性的，而且往往是激烈的、防御性的，有时会造成对方的沉默。在与人打交道和改变的过程中，我们最不希望他们做的就是闭嘴。我们需要经常听取别人的声音。

从1数到10给了你思考最佳回答的时间。你要做的是不对他人的话语做出反应，而是回应对方需要倾听的需求。这是一种不带评判性倾听的好方法。

2. 征求别人的意见

另一种不带评判性倾听的方式是寻求别人的感受。我父亲经常挂在嘴边的一句话是：如果有一个人走过来告诉你这是一只鸭子，他们可能是错的。如果另一个人走过来告诉你这是一只鸭子，这可能真的是一只鸭子。然而，如果第三个人和第四个人站出来说这是一只鸭子，那么，这极有可能就是一只鸭子。

寻求别人对同一观点的看法，能告诉你许多你可能发现不了的在他们世界里发生的事情。回想我在本章开头说过的，变化对人的影响是不同的。当你听到一些与你的想法不一致的东西，或者是消极的甚至是有争议性的东西时，耐心地探究它的来源。原因可能是别人在抗拒变化。

以下是关于应对变化的三条普遍真理：

- **在变化期间，永远不要沟通过度。**
- **人们解读信息的方式有千万种。**
- **对变化的抵制情绪很有可能发生。**

探索对变化的抗拒是领导者获得洞察力和不同见解的另一个好方法。不要试图避免或消除阻力。这样做只会产生一股消极的潜流，并随着时间的推移而膨胀。我们应该接受"抵制心理"，我的意思是应以开放、建设性和相互尊重的方式来探讨它。人们抗拒改变的原因有很多，但主要有以下三类：

- **他们不够了解变化。**

- 他们没有应对变化的技能。

- 他们不愿意接受变化。

前两类可以通过提供信息、培训和不间断的沟通来处理。最后一类比较有挑战性，但也不是不能克服的。了解为什么人们没有动力接受改变，是促使他们改变的关键。而最好的了解方式就是询问和不加评判地倾听。

从1数到10，向他人征求意见，找到阻力的核心，比起纠正、反驳或试图说服他们，你能获得更多的见解和洞察力。把自己放在这样的位置："我是来学习的，不是来评判的。"这会让你拥有良好的心态，让你做好准备真正地倾听，而不仅仅是简单地听对方所说的话语。

3. 从了解改变到引领改变

祝贺一下你自己吧！如果你能从谈话和会议中学到新的见解和洞察力，你取得的成就已经远远超过了大多数试图改变的人。接下来，你如何利用这些见解和洞察力就更重要了。从了解变化到领导变化将有助于你脱颖而出，让人们注意到你，并成为人人尊重的领导者。

4. 思考、感受和行动

在知道团队成员的想法、感受和行动之后，下一步就要问自己："在推行这项变革之后，我希望他们如何思考、感受和行动？我希望他们如何看待正在发生的变化？我希望他们能有怎样的感受？变革完成后，我希望他们的行为能有哪些不同？"想清楚这些问题，就大致清楚我们所期望的改变结果。有了想要的改变结果，你就会明确以下几点：

·从团队成员目前的"思考、感受和行动"到你希望他们如何"思考、感受和行动"的过程有多长？

·谁是改变的早期接受者，你可以把谁变成改变的倡导者？

·组织中的抵抗者是谁？谁是可以一起工作的人？

·谁对变革持观望态度？如果加以指导，能把他们转变成倡导者，从而使一部分抵抗者改变态度吗？

5. 游戏计划——从当前状态到目标状态

我们如何从当前状态到目标状态？不要让它压倒你，给你过大的压力。把它想象成你在计划一场聚会。你知道自己需要什么，但是如果你同时考虑所有的事情，就好像你在策划奥斯卡颁奖典礼那样复杂。正如生活中所有的事情一样，如果你把它们分解成较小的、更易于操作的部分，就会容易很多。所以，要把人们从当前状态带到目标状态，有六个重要的步骤。

第三节　怎样才能从变革困局中突围出来

1. 他们需要知道发生了哪些变化

如果人们只是听别人说过一两次，看过挂在网上或休息室里的通知，并不代表你的团队一定知道发生了什么变化。把这场沟通想象成一个全新的电视节目。新节目不能仅仅依靠电视节目列表。事实上，这是一种太过隐晦的方式。回想一下那些推广新节目的广告，它们强调并提醒你具体的日期、时间和频道。这些方式能给你留下很深的印象，还会激起你的兴趣。以同样的方式思考一下如何沟通变革。你能做些什么来提高每个人对这一变化的意识并激起他们的兴趣？它可能没有电视节目那么有趣，但其实我们并不需要它们有趣，我们要做的只是能够长久地吸引他们的注意力，让他们知道改变即将来临。

"大众怎么赢"：一个关于沟通的案例研究

团体会议结束后，萨拉（Sarah）和约翰（John）坐在一起就他们如何才能达成目标来制定策略。他们面临着一项挑战，因为他们的部门要和其他九个部门一起参加全体员工的表彰活动。在过去，每个部门都有他们自己的表彰活动。这些活动相当成功，至少有一半的员工参加。现在，10个部门首次聚在一起，几乎没有人互相认识，萨拉和约翰担心结果会不尽如人意。

史蒂夫、萨拉和约翰的老板是这次活动的负责人。他要求他们尽一切可能确保这次活动的注册参与率至少达到70%。如果达不到70%的注册率，这场活动就是失败的，是对活动经费的浪费。

萨拉确定了交流的主题"拯救这一天"以及表彰活动的主题西部如何成功！

活动将在8周后举行，网上报名通道在3周后打开。那时已经是七月初了，正值假期的高峰，萨拉认为他们应该等到报名通道开始之后再视情况做深入推广。

约翰认为等3周不是好主意。"我们需要更多地宣传这个活动，好让人们在通道开放的当天注册。"他说。他有一个计划，并说服萨拉和史蒂夫相信这么做是值得的。

在接下来的3周里，约翰和萨拉只有一个目标：提高10个部门所有350名员工的意识和期望。他们的计划如表1的计划表：

表1　计划表

周	活动/沟通	了解/看到变化
第一周	发送电子邮件	了解
第一周	在休息室里贴海报，然后在部门内部发放打印材料和相关图像资料	了解
第一、二、三周	在周五的员工例会上重申这次活动	了解
第一、二、三周	每周一例行发邮件：西部电影、西部乡村热门歌曲、西方恶棍和英雄	看到
第一、二、三周	在周五，穿得像个西部牛仔/女牛仔去上班	看到
第一、二、三周	西部主题的烘焙糕点	看到
第三周（星期一报名的前一个周五）	到处走走，提醒别人"别忘了注册"	了解

周三下午，也就是注册期的第三天，萨拉和约翰惊呆了。超过60%的员工已经注册！接下来的一周，注册人数增长

至85%，超出了所有人的预期。

这次活动大受欢迎，尽管很难确定是具体哪一种方式起了作用，但结果让他们付出的所有努力都值得。不用多说，老板肯定会要求萨拉和约翰为公司的下一次活动做先锋！

注意：不要低估定期沟通对提高人们的行动意识和动机的力量。我认为，这是能够说明一件事情有多重要的方法之一。毕竟，如果你不沟通，人们也就不觉得那件事有多重要，这是事实。

· ·

如何确定他们知道了变化：

· 定期与个体和团队交流，请他们描述正在发生的变化及其原因。

· 在全体大会或团队聚会上，询问各位主管，他们的员工对正在开展的变革有什么看法。欢迎提出反对意见，并设法了解他们抗拒的原因（是因为不太清楚状况、缺乏必要的技能还是意愿不足）。

· ·

2. 让他们清楚自己能从这场变化中得到哪些收获

日常生活中，人们做事的动机主要是为了避免痛苦和取得收益。长久以来，大家对这一点都知之甚详。但是，它对激励个人和团队的作用却常常被忽视。除了吸引他们的注意力和兴趣，变化将给他们带来怎样的影响？他们的收获是什么？能避免什么痛苦？确定这些付出和收获，就能使这项变革与他们息息相关，让他们都参与其中。否则，这只不过是发生在外界与他们无关的一场变化。关键是要把变化与他们的付出和收获联系起来。思考一下关于付出和收获的问题，就像以下这样：

· 这种改变能让他们消除哪些痛苦？
· 如果他们不改变，会带来什么痛苦？
· 他们看重什么样的收益？
· 他们将获得什么收获？

....

如何确定他们知道了自己能从这场变化中收获什么：

· 定期咨询个人和团体，了解他们对这场变革的期待。他们个人要收获什么样的好处？

· 在全体大会和团队聚会上，询问主管，看看他们的员工对这场变化的反应是怎样的，他们是否已经开始转变工作方式来促成改变。探寻他们的工作模式、行为以及态度。

....

3. 他们需要学习新技能

现在，这种变化已经为人所知，并且引起了广泛关注，是时候开始搭建通往成功的道路了。他们需要知道如何应对这些变化，可能会需要新的或升级的技能。新技能对一些人来说可能很棘手，这个时候就需要参考我说的"思考、感受、行动"的方法了。他们如何看待变化？这种变化对他们有何影响？对此他们有何感受？到目前为止，他们一直在做什么？你希望他们在变革完成后做些什么不同的事情？在不了解别人的想法、感受和行为的情况下，期望他们学习新技能，会浪费你在培训中投入的努力和金钱。明白了这些，才能扭转人们的抗拒心理，把所需的技能和学习方法联系起来，创造积极的学习环境。

....

如何确定他们在学习新技能：

· 如果提供了培训项目，查看注册率和出勤率。

· 培训结束后，开展问卷调查，看看他们是否觉得培训或新技能有助于他们应对改变。他们需要更多的培训吗？如果需要，哪些培训是有益的？在这个阶段，让他们学习新技能将有助于激励他们接受这个改变。随时鼓励他们学习。

....

4. 他们需要学会使用新技能

学习新事物并经常使用它是改变得以成功的关键。不用像我学习普通话那样，一下课我就停止使用这门语言，一直等到下节课上课才练习。这并不是一个好的学习方法！直到今天，我也只能用普通话说好一句话。哪一句？ "我普通话不是很好！"

在马尔科姆·格拉德威尔（Malcolm Gladwell）的著作《异类》中，他说道："研究者们认为，真正学会一项技能所需的时间是——1万小时。"我不太确定我们是否真的需要花1万个小时，但是就习惯来说，21次似乎是个关键数字。试着重复一件事情21次，看看这件事做起来是否会变得十分自然。

....

如何确定他们正在使用新技能：

·定期对个人和团队开展询问，请他们谈谈在应对变化时新的技能或培训如何帮助了他们：听他们说了什么，同时也要听他们没说什么。

·在全体大会或团队聚会时，询问主管，看他们在技能应用方面观察到了什么。他们是否看到了工作模式的改变，还是旧的习惯和行为卷土重来？对学习成果的应用是改变得以成功的关键。

....

5. 他们需要融入变化中

融入意味着他们清楚地知道这些变化以及变化对他们的影响，他们有信心迎接这场变化，并且相信自己有足够的能力在此方面引导他人。在这个阶段，你的努力得到了回报，你所实施的变化正在成形，人们和团队正在逐步和谐共处。这是个好消息，你应该为此感到高兴。走到这一步并不容易，但结果会证明一切。而在这时，人们会开始注意到你领导改变和影响改变的能力。让我们进入最后一步：帮助他们感受到成功。

....

如果确定他们融入了变化：

　·你注意到变革达人们是怎样帮助别人顺利完成变革的吗？

　·在全体大会或团队聚会上，请主管们协助你识别出变革的拥护者。找出其他优秀的变革倡导者是保持变革势头的好方法。

....

6. 他们需要感受到自己的成功

告诉他们都取得了哪些成功。向他们展示他们通过努力换来的成果。对他们的付出表示认可。时不时地对他们表示感谢。没有什么比得到认可更令人振奋的了。无论是漫长的一天、一周还是一个月，都不重要。重要的是看到了结果，并且所做的努力得到了别人的认可和感谢——没有什么比这更能激励人心的了！

....

如何确定他们感受到了成功：

　·你可以看到他们工作的自豪感增加了，个人和团队的士气也提升了。

· 经理或主管能看到大家对新的程序或流程广泛持久地应用，并且对团队成员适应变化的能力有更大的信心。

....

游戏规则的改变者：目标状态的案例研究

不久前，有人请我协助召开一个关于组织内部重大变革的会议。这项变革已经开始实施了，但是考虑到要扩大变革规模以及要采取更多的改变，组织者认为有必要把大家聚到一起展开讨论，让大家及时知道最新动态，激励大家，为下一轮的工作做好准备。

大部分的会议议程往往取决于组织者认为重要的关键信息和优先事项。这是一种常见并仍在应用的方法，但是我发现这样做是有挑战的：你如何知道别人能听进去你的关键信息？当然，我们可以在会议开始、会议期间和会议结束时重复这些话，提醒人们这些信息对他们（和你）有多么重要。但是，在你解决人们参会时内心的想法和顾虑之前，你无法使他们全神贯注地倾听。

对于这次会议，预先确定的议程囊括了在变革完成之后将会产生的改进和好处。该议程旨在向人们展示所有"更好、更先进"的东西。毕竟，谁不喜欢"更好、更先进"呢？

组织者很了解我，因此同意我组织一场小型的非正式焦点小组会议——与来自全国各地的员工代表进行一对一的访谈。

我的目标是：了解他们对变化的想法、感受和行动。

采访结束后，我发现了一些非常重要的信息。我原以为，人们无法看到变化所带来的即时好处，会对变化产生抗拒。可是我错了。结果是，他们很明白为什么需要改变，许多人都说："它早就应该发生了。"他们看到了朝这个方向发展的好处，并且意识到适应这些变化需要时间。

我还在访谈中发现了一些其他事情：虽然他们明白这些变化的必要性和好处时，他们仍然感到很震惊，更糟的是他们不知道接下来还会发生什么。他们对变化的反应强烈，因此无法满怀信心地处理团队成员的担忧和问题。而且，由于不知道什么时候、有多少变化会来临，他们对团队成员的担忧感到不知所措，越来越沮丧和无助。

如果我们按照原本的议程安排，谈变化，谈未来"更好、更先进"的世界，我们就会完全忽略人们的焦虑和沮丧。更糟的是，这会蒙蔽组织者的双眼，让他们无法看到这种明显的沮丧情绪。考虑到员工目前的状态，没有一件好的事情会被听到或被认为是"好的"。

通过对会议议程的微调和重新定位，组织者们在会议的开始对与会者过去一年的努力表示衷心的感谢。组织者表示，他们理解员工在这段时间的感受，知道他们的担忧是什么。组织者在会议的前30分钟列出了大家的担忧，并承诺接下来会集中讨论解决这些问题，到此，大家才松了一口气，而紧接着，便听到一片掌声随之而来。

投入时间了解大家的"想法、感受和行为"，了解他们目前的状态，我们才能为期待的结果精心策划，制定更有执行力的方法，从而处理员工的担忧，给他们重新解决问题的力量和对未来的启发，也让他们看到关于自己的"更好、更先进的未来"。

会议结束后，改变游戏规则的前两步就完成了。每个人都做好了学习、应用、融入和成功的准备！这种准备状态将推动我们达到预期的目标状态。

第四节　变化之后的收获往往超乎我们的想象

一、改变清单：引入变革后要了解的问题

（1）我同你分享这些信息的时候，你在想什么？

（2）听完这话，你现在有什么想法？

（3）这让你感觉如何？

（4）你觉得别人会怎么想？

（5）这对你接下来要做的事情有影响吗？

（6）你感受如何？

（7）你能告诉我为什么吗？

二、应对变化的六个重要步骤

（1）他们需要知道发生了哪些变化

（2）让他们清楚自己能从这场变化中得到哪些收获

（3）他们需要学习新技能

（4）他们需要学会使用新技能

（5）他们需要融入变化中

（6）他们需要感受到自己的成功

第五节　如何让改变后的良好状态更持久

问题：关于如何引进变革，你学到的最重要的一课是什么？

回答：我始终相信这条重要的经验教训：要想被理解，我们需要先理解他人。乍一看，花时间去理解别人似乎需要做很多工作，任务艰巨。毕竟，你觉得你已经"理解"了。但是如果你总是站在学习而非评判的立场上，你永远都有新的东西可以学习。

在我27岁的时候，关于人性、生活、爱情和事业，我觉得自己了解得很多。37岁的时候，我发现我知道的比27岁时多得多。47岁时，我意识到我27岁时知道的那些只是些皮毛，而我那时的想法……好吧，我承认它大部分是错误的。我在50岁时学到的是，我将永远走在学习的路上，没有什么是绝对的，我认为的那些普世真理也可能发生改变。

问题：你如何帮助人们改变自己？

回答：人们会按照自己的节奏和感觉去改变，但是没有什么比结果更能激励人心的了。当人们看到他们取得了小的成就，就会驱使自己获得更大的成就。这种方式驱使我们前进，但是通常，我们会低估自己（和他人）的成就，只一门心思想着我们还有多远的路要走。要学会审视自己，回顾过去，看看自己已经走了多远。作为一个领导者，你的目标是帮助他人建立一种势不可挡的动力，然后继续前进。

问题：如何使改变持久？

回答：让自己融入变化之中，而不仅仅是推动改变。比起你说的内容，人们更多的是去解读你的行为、反应和非语言姿势。变化始于你自己和你对改变的重要性、必要性和积极性的相信程度。一旦你设定了改变的方向，去寻找那些能帮助你实现目标的人。这些人是变革的拥护者，他们会找出积极的一面，解决消极的一面，消除各种障碍，真诚地践行

"有志者事竟成"这句话。

问题：我应该沟通哪些内容？

回答：变革的倡导者需要定期与每一个人沟通，而不仅仅是那些拥护变革的人。他们需要阐明四个关键领域，这四个领域对于让所有人都参与到变革中来非常重要：

（1）我们处在变化进程的哪个阶段？

（2）我们提出了哪些问题？这些问题解决了吗？

（3）我们取得了什么成就？

（4）接下来会发生什么？

让每个人都了解这四个关键领域的最新进展，可以创造出巨大的动力，促使变革成功且持久。

问题：我知道在公司中适应改变很重要，但是我所在的公司几乎每年都要改变核心系统。为什么我要相信这一次是最好的？我怎样才能让决策者知道，如果一开始他能听取我们的意见，可能就不需要再变革了？

回答：我不能代表贵公司发言，但是我可以谈谈改变。坦白说，你越早适应改变，就会越容易改变，你会成为变革的推动者，而非变革的阻碍。变革往往会带来更多的工作，需要学习新的东西。我是学习新事物的倡导者，也许我们可以转变一下态度，去引导变革，而不是被变革所引导。这可以让我们更快、更好地适应变化。

第六节　应对挑战，请按照节奏走

下次我引导人们改变时：

我将用这个问题来更好地洞察和看待正在发生的变化：

_____

我会记住"改变游戏"计划中的这一步，使更多的人接受变化：

_____

第七节　反思：改变从小事与大事做起的效果对比

....

....

....

....

....

....

....

....

第四章

处处有人挺你
就得有牢固的人脉关系

你知道吗？

想建立牢固的人脉关系，85%依靠平时积累。

寻找自己在建立人脉关系中的弱点，懂得维护人脉的方法，任何人都可以成为人脉高手。

人们会忘记你说过的话，忘记你做过的事，却永远不会忘记你带给他们的感受。

——玛雅·安吉罗（Maya Angelou），美国诗人、演员和民权活动家

如果你想去某个地方，最好找一个已经去过那里的人。

——罗伯特·清崎（Robert Kiyosaki），美国投资家、商人和励志作家

为什么要相互联系？生活就是各种关系的总和，如此简单。几乎没有人的生活是不需要任何互动只发生在真空状态里的。生活、事业和爱情中都需要建立牢固的关系，这些关系能帮助你成长，帮你找到自己的道路，在必要的时刻拉你回到正轨，并且帮助你认清自己。人际关系是我们是谁和我们能成为谁的镜子。无论这关系是好是坏，都能让我们得到成长，关键是要从中学习，吸取经验。去寻找关系，尊重关系，培养关系。它们将成为你创造辉煌职业生涯中最有价值的工具。

人们经常问我："你是如何编织人际关系网（Network）的？"当我回答说我不编织关系网时，他们很震惊。我想解

释一下。"网络"一词的意思是收集我们希望与之保持某种联系的人的姓名和联系方式，以实现互利互惠。这完全没有问题。但是对我来说，这并不是"互惠互利"。"关系网"一词中隐含着"努力获取"的意味，我不喜欢特意地花工夫去了解别人。我希望去享受这个过程，喜欢结识有趣的人——他们的有趣之处是什么，他们的生活和工作中发生了什么。当我抱着这种想法去接触别人时，这是一种愉快且有趣的体验。这样做也许会有结果，也许不会，但这从来都不是重点。

所以，让我分享一个我更喜欢的词：建立关系（Connecting）。我喜欢与他人保持联系。联系这个概念意味着你把关注点都放在那个人身上——而不是在鸡尾酒派对上，当有个人与你交流时，你会发现他一边说话一边环视四周，以确定下一个他该去找谁交流。联系意味着你对对方很专注、很感兴趣。如果你对别人不感兴趣，别人也不会有兴趣去了解你。

我感到非常幸运自己能够很好地与北美以及世界上40多个国家的人们建立关系。在此我将与你们分享我是如何与人建立关系的，以及通过这么做我如何学到许多重要的经验的，它们当中大部分教会了我如何建立美妙的人际关系。

格里小贴士

　　停止社交（Networking），开始建立关系（Connecting）。**联系意味着你对别人很专注、很感兴趣。**

第一节　建立牢固人际关系怎样找准切入点

　　微笑，无论你说什么语言、来自什么样的文化背景，都不重要。微笑是全球通用的符号，但是我们不常微笑。我们为什么不微笑呢？当我环游世界的时候，我发现微笑对一些人来说比对其他人更容易。我认为，世界是由三种面孔组成的。三分之一的人有一张看起来总是很高兴的脸。他们是幸运的，因为他们比较容易展示微笑。你可能认识一些天生容易感到快乐的人，他们看上去很开心，甚至有一双"微笑的眼睛"。他们是拥有快乐面孔的人。

　　接下来的三分之一是中性脸。他们的唇线相对比较直，在某种程度上，他们是没有表情的，除非被一些内外部的因素触发。他们当然可以微笑，但是这需要他们有意识地去努力才行。如果你是拥有这种类型的脸，为了展示微笑你需要想一些快乐的事情。如果你不有意识地促使这种情况发生，你的表情就是中性的，也很有可能看起来十分冷漠。

最后三分之一是严肃的面孔。你肯定知道他们是谁。这类人通常很难对着镜头微笑。你让他们微笑，他们会说："我在微笑呀！"严肃的面孔需要严肃认真地练习才能微笑。

这三种类型的面孔都能微笑，只是其中的两类需要自觉地，有意识地做出努力。

这需要练习。不要以为你觉得你在微笑，你的脸上就会有笑容。如果身边有镜子的话，可以照照镜子，或者问问朋友。如果你不确定自己是否在微笑，想想那些能让你开心的事情，用心感受一下（而不仅仅是查看）你脸上的表情是否发生了变化。现在这个表情，就是人们会喜欢的微笑。

微笑会使你更加可亲和友好，会让你成为人们想结交的那种人。

现在，你已经开始了微笑，接下来要做什么呢?

1. 从"你好"开始

"你好"是我们建立关系时最先说出口的，而不是"你好，我叫格里，我是通讯部的"。这是以后的事了，至少比现在要晚很多。交往需要迈出第一步，"你好"就是最好的开始。

微笑、良好的眼神交流和真诚的"你好"是建立关系的基础。我在很多活动中注意到人们站在一旁，等待着别人走近。如果他们四处走动，他们的眼睛会扫视房间，好像在寻找什么人一样。

格里小贴士

　　微笑、良好的眼神交流和真诚的**"你好"**是建立关系的基础。

当你在一场活动中时，试着放松地四处走动，享受周围的一切。慢慢来，听听大家都在谈什么，悠闲地踱步。最终，你会与某个人产生眼神交流。然后，微笑，说"你好"。来看看会发生什么。加速这一进程或者太过用力尝试是大多数人没能成功建立一段关系的原因。这不是一个"捉住谁就是谁"的游戏，把它想成是"让我数一数这里有多少人"的游戏。（但是请不要真的大声数或在心里默数，这只是一种让你不再那么急切地寻找，并有事可做的方式。）

眼神交流的时候，微笑着打声招呼，说句"你好"。看看这个时候是否能够展开一场交谈。交流也许不会发生，但对你接下来的行动也许会有所帮助。

2. 开始对话

这个话题让我想起了过去第一次去酒吧或者俱乐部与人交谈的日子，和我不得不主动攀谈的窘境。我之所以怀念过去，是因为如今我们交流的整个过程变成了一个个表情符号——或者更糟，从聊天框里的一个随意的"嘿"开始。

···

格里小贴士

对他人的回答感兴趣是开始交流并与人建立关系的最好方法之一。

···

要与人建立关系，就需要产生交流对话。

没有很好的万能单句可以用来开始一场对话，你越是想要这么做，对你来说就越不利。如何开始一段对话，首先要思考你和对方为什么会出现在这里。这是一场小型聚会、商务会议、社交活动还是纯粹巧合？从你为什么与对方出现在同一个地方开始交流，询问他们对这个活动的看法。

这里有一些例子：

· 你觉得（这场活动）怎么样？

· 你认为（描述一些在活动中发生的事情）怎么样？

·（当时发生的一些事情）让你感觉如何？

你发现了我是如何把"思考、感受、行动"的方法融入这场对话中的吗?

　　这些问题仅仅是一些建议,但它们背后都有一个目的,那就是你要对别人的回答感兴趣。对他人的回答感兴趣是开始交流并与人建立关系的最好方法之一。

　　建立关系——去认识很多人,去了解他们,然后他们才能了解你并记住你。回想一下,在本章的开头我是怎么说的:关系能帮助你成长,帮你找到自己的方向,帮你回到正轨,帮你发现你是谁。

　　现在,让我们从最基本的开始。假设你已经开始了一次愉快的对话,并且正在享受这场有意义的交流,这是很棒的事情! 你正在与人建立关系,而且已经变得更加耀眼。

第二节　想拥有高端人脉关系的八点建议

　　记忆中,我一直在与人交往并建立关系。由于经常出差,我有很多学习如何同不同国家、不同语言和不同文化的人建立关系的机会。我学到了什么呢? 那就是,建立良好关系的基础因素是全球共通的。不管来自哪里,使用何种语言,人都是一样的。作为人类,我们欣赏和珍视的东西类似。以下是我为建立牢固的人际关系提出的八点通用的建议:

1. 微笑能给自己和别人带来好心情

我已经提到过这一点，但是有些事情还是值得重复。微笑是有好处的，尤其当你不想笑的时候。这是已经被证实的事情。在你没有心情微笑的时候，迫使自己微笑，你会发现自己真的开心了一点，或者至少不那么痛苦了。我们对待自己总是十分认真，而有些事总是没必要地让我反复操心着。提醒自己放松，通过循序渐进，让自己放松下来。这不是慧言慧语，只是一些我亲身实践过并且想传递给你们的一些建议。开心一点，多微笑。我最喜欢的事情莫过于：对不认识的人微笑，带给他们好心情！

2. 对别人感兴趣帮助你建立真正的关系

在戴尔·卡耐基的《如何赢得友谊及影响他人》一书中，我第一次看到这句话。当我还是个孩子的时候（在加拿大最大的书店存在之前），我总是徘徊在书店，舒服地坐在椅子上看书。我会坐在科尔斯书店的过道上，一本一本地看着，被书中的新知识所吸引。

对我影响最大的一本书是戴尔·卡耐基写的，尽管我直到生命的后半阶段才真正理解里面的内容。他教给我的是，对别人感兴趣比自身有趣要重要得多——这是我在建立人际关系时的核心信念之一。

联系和关系的产生很大程度上取决于你是否能被别人记住。你希望进入某人的大脑数据库里，这样，当他们需要一些东西的时候，他们会认为你是那个能够帮助到他们的人并与你联系。

••

格里小贴士

联系和关系的产生很大程度上取决于你是否能被别人记住。

••

真正的感兴趣意味着在不冒犯别人的前提下提问。怎样区分两者的不同呢？问问自己为什么想知道。如果是因为你真的关心他，想帮助他，你就是对他感兴趣的。但是如果你的回答是："因为我很好奇。"你很可能会冒犯到别人。如果你对此产生怀疑，去问问他们："我是否冒犯了您?"

给别人说话和分享的机会是对别人最好的认可，我们应当永远尊重这一点。永远不要分享别人不让你分享的信息。"只有你和我知道"就是"只有你和我知道"。让别人知道你是一个能够对听到的信息负责的人，这很有价值，它能帮助你建立坚不可摧的信誉。我想我不需要再告诉你如果不这样做的结果了，我只能说这不是一件好事。

最后一点建议是：从他们告诉你的事情中学习。记住那些对别人来说重要的事情。这在当时对你来说可能并不重要，但是当人们记住了一些小事时，我总是为此感到惊奇。它使人际关系更加私人化，创造令人难忘的人际关系。你会因此被记住。

3. 认真念对他人的名字可以让对方对你产生好感

碧昂斯（Beyoncé）的热门歌曲早已说明了这一点。人们喜欢别人叫他们的名字，记住别人的名字是意义非凡的。在任何语言中，叫出别人的名字都是发出过的最动听的声音。

"但是我记不住别人的名字！"这是我听到人们最常说的话。是的，这很困难，但是有办法可以做到。我会使用下面这些技巧，这些年我在这方面也做得越来越好。

在一次活动中记住某人的名字不等于第二次见面时还能记起对方的名字——后者更具挑战性——但他们的起点是相同的。

a. 重复：重复很有帮助，重复他们的名字。

詹妮弗：嗨，我叫詹妮弗。

你：詹妮弗你好，很高兴认识你。

拼写（在脑海中）：当重复名字时，有意识地在脑海中对他们的名字进行拼写。在那些姓名的标签上写上他们的名字，这很有用。

第四章 处处有人挺你就得有牢固的人脉关系 / 143

使用：在接下来的90秒内至少使用三次。

詹妮弗：嗨，我叫詹妮弗。

你：詹妮弗你好，很高兴认识你。

你：詹妮弗，到目前为止你觉得这个活动怎么样？

你：詹妮弗，让我把你介绍给我的朋友爱丽丝。爱丽丝，这是詹妮弗。我们是在今天的会议上认识的。

b.联想：想想你是否认识和他们同名的人。在你的脑海中，这种关联会帮你更容易记住他们的名字。

如果这是一个很难记住或很难念出来的名字，人们是不会介意你念他们的名字的。相反，人们会感谢你努力念对它，而不是和很多人一样试图掩盖你读不出他们名字的尴尬。向他们寻求帮助："请帮我念对你的名字。"他们很有可能会把名字拆分开来解读给你听。这对你很有帮助。只要记住在接下来的90秒内经常使用它，便能在脑海中牢牢记住那个声音。

c.押韵：让他们的名字和另一个词押韵也很有帮助。我曾经遇到过一个叫Juiling（Jiow-ling）的人，这个名字很难发音，但是当他告诉我，"我的名字听起来就像bowling"之后，我便再也没有忘记过它的发音。

∙∙

禁止事项

千万不要这样做！很久很久以前，有一次，我试着找借口，对某人说："抱歉，我不记得你的名字了，我记得那个词很不常见。"他说："我叫约翰。J–O–H–N。"事到如今，我仍然忍不住嘲笑自己！

∙∙

下次遇见仍能记住对方的名字是很有挑战性的。然而，如果你能建立起较为亲近的关系，并与对方保持联系，这就不是个问题了。如果对方是你一直没有联系过的人，试试下面这个方法：

回想：想想你曾在哪里见过他们。通常情况下，地点有助于想起那场对话。回忆一下你当时说过的话，这个名字可能就会浮现出来。不要太强迫自己，只需要回想一下你们之间愉快的谈话就可以了。

如果这招不管用，试着说这句简单的话，如："嗨，很高兴再次见到你。对不起，我一下子想不起来你叫什么了。"我偏向于说"我暂时想不起来你的名字"，因为它听起来要比"对不起，我记不住你的名字"要委婉很多。此外，说你暂时"想"不起来意味着你很努力地回想过，仅这一点就令人印象深刻。

4. 认真地倾听更有益于双方的互动

多任务处理一直被视为一种优秀的特质，并且在大多数组织中被推崇为十分关键的能力。但是，一耳两听，即听对方说话的同时也听自己内心的想法，既不令人钦佩，也没有成效。但这并不完全是你的错。我们每天都有很多事情要做，在各种移动设备和大量沟通的冲击下，集中注意力几乎是不可能的事。然而，不关注人际关系其代价是昂贵的。让我把话说清楚：人们能够察觉到你什么时候没在听他们说话。我见到过太多思想游离在外的表情了，多到数不清。但事实是，我们从未真正被教导过要去倾听。小时候有人告诉过我们要集中注意力，但是没有人教我们如何做一个好的倾听者。

我并不自诩是一个"倾听教练"，但我有三条独门法则，帮助我把注意力集中在对方以及我和对方的那场谈话上。

·不要打断（说起来容易做起来难）。不插话，能让他们完整地表达信息。你可以点头、微笑甚至大笑来表示赞同或愉快。不要试图以损害对方的利益来增加谈话内容。下次你发现自己想要打断别人的时候，阻止你自己。这是一项很好的实践，你会感激它的。

·注视对方。这是很明显的事，对吧！如果我告诉你我已经数不清在多少次交流中人们没有看着我，你一定会感到惊讶。他们的目光会越过我的肩膀，好像在看别的什么人。他们盯着自己的手机，偶尔发出一声咕哝，表示听到了我说的话。即使他们的目光在我这个方向，他们的眼睛也告诉我，他们在想着其他的事情。我把这叫作茫然或分心的目光。你带有认可的目光接触，才是真正的倾听和投入。

·听取关键词。当别人说话的时候，听那些能帮助你记住谈话内容的词，就好像是故事的标题。这不是选择性的倾听，而是一种帮你抓住谈话本质的方法。每当你听到一个关键词，把它想象成在网上点赞。

善于倾听能带来两个好处：互动和回忆能力。换句话说，你可以证明在这场谈话中你确实在用心、专注地沟通。这样，对方会觉得在你们交流的那个时刻，他是最重要的人。

能够回忆起来也会给别人留下深刻的印象。当你记住对他们来说重要的事情时，表明你很重视他们与你分享的东西。谁不想被人关注和重视呢？这应该不需要我多说了。下次你发现自己打破了我那三条倾听的原则时，停下来，重新开始。不会有人注意到的，你可以在他们毫不知情的情况下重新开始整理。警觉是一个非常强大的工具。

5. 说到做到有利于他人记住你

说到就要做到——即使有更好的事情发生，是最伟大人格的塑造因素之一。我想我之所以努力践行我说的话，是因为我很害怕让别人失望。我还记得小时候妈妈对我说的那句话，那句话深深地触动了我。当她生我的气时，她从来不说她生气了。她只是露出一副很受伤的表情，然后说她真的很失望。事实证明这句话很有效，遵守承诺能说明很多事情。

人们经常使用下面这句话："承诺不足，兑现有余。"虽然这话也对，但我喜欢更简单一点：如果你说了什么，把它当回事并认真地去执行。信誉是无形的，却价值千金。你可能不会马上获得回报，但是相信我，做一个讲信誉的人，把所有的事情都做好，人们会因此而记住你。

6. 把"我"换成"我们"协助你拉近距离

中国有句伟大的谚语："是金子总会发光的。"换句话说，如果你足够优秀，你的闪光点一定会被人发现。如果你很优秀，这消息会扩散得很快，所以没必要大张旗鼓地广播或宣传。当然了，你可以告诉别人作为团队中的一员你是如何取得成功的。认可他人所做的贡献并不会削弱你的才能。恰恰相反，它表明你有很好的团队协作能力，甚至可以领导一个团队取得成功。我的母亲曾对我弟弟说："自我夸赞并不会让你得到更高的关注。"天哪，她真是一个聪明的女人！

下次你想说"我"的时候，把它换成"我们"。只需一个简单的转变，就可以收获很多长期的好处。

7. 相信自己也让他人相信你

生活中没有什么是百分百精确或有保证的。这就是它的美妙之处。当你以为它已经很完美时，生活也许会发生变化，我们需要重新做出调整。如果你想分享自己的想法，但不确定它是否经得起推敲，只需要相信自己的直觉，让你的热情而非恐惧来引导你。你对自己想法的信任程度可以让别人更好地了解你。当然，你可能会犯错误，我们都会犯错，但是我宁愿在尝试的过程中犯错，也不愿因过于胆怯而不敢采取行动。如果你不行动，就永远不会取得成功。

在商业战略中，我发现我往往是在为客户消除恐惧和灌输信心。我相信，如果我们与合适的人一起合作，怀着真诚的想要改进的意图，并尊重我们所服务的人，我们的产品永远都是一款好产品。确保你相信自己所说的，把这种自信展现在脸上、肢体语言上以及与别人的对话中。

8. 心怀感恩就会有回报

每次有人给我发感谢信，对我来说都意义重大。说"谢谢"是建立良好人际关系的最好方法。在接受奥斯卡最佳男演员奖时，马修·麦康纳（Matthew McConaughey）说："心怀感恩就会有回报。"对此我十分赞同。感恩能产生很多好的东西，它让你保持谦逊。

最后一些建议

人际关系在生活中必不可少。它能帮助你成长，帮你找到自己的方向，让你回到正轨，也帮助你发现你是谁。

我希望这八点建议能帮助你在工作和生活中建立牢固、持久和美妙的人际关系。当别人处于黑暗之中需要帮助时，成为他们在追寻的那束光。真诚地对待你建立的关系，尊重他们，如此别人才会重视并且记住你。这些经验教训帮助了我，并将继续帮助我，我想对这一路教导过我的所有人说一声"谢谢你"。

第三节　建立人际关系的难点到底在哪里

一、谈话的一些切入点

（1）你觉得（这场活动）怎么样？

（2）你认为（描述一些在活动中发生的事情）怎么样？

（3）（当时发生的一些事情）让你感觉如何？

二、成功建立人际关系的八点建议

（1）微笑能给自己和别人带来好心情。

（2）对别人感兴趣帮助你建立真正的关系。

（3）认真念对他人的名字可以让对方对你产生好感。

（4）认真地倾听更有益于双方的互动。

（5）说到做到有利于他人记住你。

（6）把"我"换成"我们"协助你拉近距离。

（7）相信自己也让他人相信你。

（8）心怀感恩就会有回报。

第四节　社交中怎样处理与他人无话可聊的尴尬状况

问题：我很喜欢你关于如何与他人建立关系的观点，而不仅仅是社交。在脸书和领英的网络世界里，我们总认为好友越多越好。关于朋友的数量，有没有个较好的标准？如何知道自己是否建立了良好的人际关系呢？

回答：我认为，在可以投入的时间范围内，建立的关系越多越好。你的想法很对，这不是一个数字游戏，也不是竞争。我认识一些人，他们为自己广泛的人际关系感到骄傲，但实际上，他们已经很多年没有和那些朋友联系了。他们已不再是熟人，而只是你曾经认识的人。这是有区别的。熟人会为你腾出时间，即使只是倾听。要拥有这种关系，你必须花心思培养它，并找到让你们联系更紧密的方法，就像任何人际关系一样。面对现实吧，我们的生活都很忙，不会轻易投入时间在一个人身上，所以选择那些你想花时间交流的人吧。这些人才值得你投入时间和精力。

　　问题：当你无话可说时要怎么办？在一次集体晚宴上，整桌人突然陷入沉默，让我经历了一段特别尴尬的寂静时刻。

　　回答：嗯，是啊——这漫长的令人尴尬的沉默。我会首先评估一下餐桌的氛围。有时候，人们很享受食物和周围环境，他们很高兴能有一些安静的用餐时间。所以，不要觉得每次沉默的时候你都需要找话题开个头。记住，沉默是金。然而，如果你觉得每个人都很尴尬，不知如何打破这沉默，我的做法是抛出一个普遍性的问题。我喜欢一般性的问题，因为它不会让任何人成为焦点。我不会问："玛丽（Mary），跟我说说你刚结束的那段旅行吧。"玛丽可能不想分享她的旅行，而现在你却把她难住了。更有甚者，她给了你一句明显敷衍的答案。相反，我会问："最近有人出去玩过吗？我想在下个月去几个有趣的地方。"一定会有人分享他们去过和喜欢的地方，也有可能不是最近发生的事情。通常有关旅行、娱乐和食物的一般性问题是容易"抛出"的问题，可以在餐桌上产生一些有趣的交流。

问题：交换名片时有什么注意事项吗？

回答：首先，花时间阅读名片，不要直接把东西塞在口袋、钱包或者书包里。在阅读卡片的时候，顺便记住对方的名字。找一些可以打开话题的东西：职位、工作地点、名片的设计或者公司的名称。每次你看名片的时候，尝试找到一些可以开始对话的信息，经常这样联系。另一件需要做的事是回来之后，在名片上标记你什么时候遇见了那个人。即使我把名片上的内容转移到了通讯录上，我仍然保留着它们。因为每隔一段时间，我就会翻看这些名片，很有可能就会看到一张我突然很想联系的名片。有时候也不全然是这样，但我想说，时不时地邮件交流还是很有必要的。而那些回复的邮件也表明他们确实非常值得我在他们身上投入的时间——不用多说，让别人知道你记得他们总是一件很愉快的事情。人们会记住这些小小的惊喜，作为回报，你将收获一段稳定长久的人际关系。

第五节　让人脉关系更牢固的方法

下次我建立人际关系的时候：

我的目标是：

我要用的一个开场白是：

当我听别人说话时，我会集中注意力：

第六节　反思：如何识别人脉关系中的真假朋友

....

....

....

....

....

....

....

....

....

....

....

....

第五章

．
．
．

充满正能量
才能让你获得更多好运气

．
．
．

你知道吗?

积极的情绪可以成就一个人,但消极的情绪完全有可能毁掉一个人。

当你摆脱消极情绪,让自己时刻充满正能量,你会发现自己处处与幸运相逢。

人与人之间几乎没有什么不同，但那一点点的不同会造成巨大的差异。那一点点的不同就是态度，而巨大的差异就在于这态度是积极的还是消极的。

——克莱门特·斯通（W. Clement Stone），美国商人和慈善家

快乐是一种态度。我们要么让自己痛苦，要么让自己快乐和坚强，其工作量是一样的。

——弗朗西斯卡·瑞德勒（Francesca Reigler），美国艺术家

有时候我想，如果我拥有自己的个人品牌标志的话，那将是一张笑脸。为什么？因为当我看到一张笑脸，我会忍不住发自内心的微笑。这就像当一个婴儿对你微笑时，你忍不住要回以微笑。这就是我选择的生活方式。这里有一个关键词——选择。想想看，我们都想要控制发生在我们身边的事情，但只有一件事情是完全在我们的掌控范围内的：我们的思想。

我总是选择用积极的视角看待周围的事物——换句话说，当杯子里有半杯水时，我会为还有半杯水而感到开心。尽管听起来像是陈词滥调，但我确实不太喜欢"只有半杯

水"的悲观想法，所以我选择了乐观的"还有半杯"。

不要把这误解为我看待世界的方式十分盲目乐观。世界上有很多不好的事情正在发生，且还将源源不断地发生。很多时候，我的笑脸并不是那么灿烂的，还有一些时候，我甚至只能勉强提提嘴角。但对我来说，最重要的是努力保持微笑，带着我头顶上的那束光继续前行——那一点我始终带在身上的"光"。

人们经常问我："你为什么总是那么积极，那么快乐？"我应该首先纠正那些认为我总是快乐的人。事实并非如此，没有人时时刻刻都能感到快乐。我也确实有过这样的时刻：感觉自己处于一种墨守成规、阴沉沉的状态。然而，我的不同之处在于，我会努力让头顶的乌云消散，不让它们停留太久。我承认它们的存在，并且找出它们存在的原因，我在本书中称之为"解构"——深入了解"乌云"的核心加以处理。这一切都是为了让精神的力量重新掌控我的思想和态度。

当我情绪低落的时候，我用强化那些明亮的想法来重获积极的视角。换个环境会有帮助。或者，仅仅是看着某样东西就能改变我的想法。在我办公桌的对面，放着一些能让我想起美好事物的东西——某个地方，某个人，某个能让我心情明亮的东西。我把这些称之为我的"校验标准"。它们让我回到一种精神状态，我感觉我很强大，我可以"照亮"

某些事情。除此之外，它们还触及了我生活中十分个人的一面，而我感到十分幸运能被这些回忆环绕。

不要忽视这些"提醒物"，也不要忽视它们的重要性。我想如果我们愿意，我们就能想起童年里最幸福的时刻。我也相信我们能够回忆起生活中那些尴尬的时刻，就像它刚刚发生一样。大脑是非常强大的，它能把我们带回那些纯粹快乐的时刻，也能把我们带回我们宁愿忘掉的时刻。我所说的"校验标准"有着同样的作用。它让我回到了核心状态——重新开始，如果你愿意的话。生活没有"撤销"键，这是我能找到的最接近"重启"的方法。

思想　决定　态度　决定　表现　决定　行动
→　　　　→　　　　→

思想决定态度，态度决定外在表现。外在表现影响我们的最终行动。所以，毫无疑问，态度是成功的关键因素。然而，在我的周围，我经常发现，很多人没有表现出良好（更不用说积极）的态度，还有更多人甚至没有为了形成积极的态度而付出努力。

然而，积极的态度远远不止对我们"好"那么简单。我认为它是生活和工作成功的驱动力。你如何看待和解释周围发生的事情将决定你下一步的行动。是的，它是如此强大，这就是为什么我相信态度是我们成功的驱动力。

我们都知道，积极的态度对我们有好处，就像每天喝八杯水一样。但是，由于各种原因，我们没有那样做。我们忘记了它有多重要，我们让生活引领着我们走到了我们不愿走的道路上，在那里我们看到的全是密布的乌云。

我希望与大家分享的是：

· **你可以掌控自己的思想。**

· **你的思维决定态度。**

· **你可以重新训练你的大脑，察觉自己的态度，追根溯源，清理罪魁祸首，然后继续前进。**

这不是要你欺骗自己，而是对大脑做出的重新规划。让我们来看看下面这个故事。

珍妮丝（Janice）的故事

珍妮丝为一家手机公司管理一个由八名服务代表组成的团队。她在孩子到了上学年龄后开始做这份工作，这时她有更多的时间做她喜欢事情：培训工作人员，为客户提供优质服务。她热爱自己的工作，而且做得很好，每年都获得优秀的绩效考核，当她的团队超额完成总部设定的目标时，还能获得额外的奖金。

去年，珍妮丝申请了两个更高级别的职位，它们涉及更多人员管理方面的工作。每一次，经理告诉她的结果都是，她没能得到那个职位，因为成功的应聘者虽然经验较少，但资历更高。

像所有被拒绝的人一样，珍妮丝感到挫败，她开始听从内心的声音，回到学校读MBA。她找到了另一份自己感兴趣的工作，但由于害怕同样的拒绝，决定不再申请。

在接下来的几个月里，她的工作开始受到影响。她感到无聊，对自己所取得的成就不以为然。她的团队注意到，她不再举办他们喜欢的销售聚会了，在聚会上，珍妮丝总能让他们充满乐趣和竞争力。

因为不想让事情激化，珍妮丝从不追究为什么她的经验比不上其他候选人简历上的任职资格。她认为，也许是他们比她更能胜任，比她更聪明。她意识到自己一直在想着这次的失败，这让她对自己的工作有了不同的看法。她认为也许是时候改变一下了。

接下来的一周，该组织宣布他们将引进一家咨询公司，帮助他们提升整体客户体验，寻求提高销售和生产效率的方法。珍妮丝的经理让她协助咨询顾问解决问题，把她的工作过程展示出来，作为评估的一部分。那天晚上，珍妮丝开始觉得这不是个好兆头。首先，她没有合适的"资格"，现在，她将被置于该顾问的"显微镜"式的细微观察下。他们为什么要问她工作的方式？他们认为她现在的流程不好吗？这些"改善"是否意味着她不得不改变自己的工作方式？她为什么要改变呢？为此，珍妮丝一夜无眠。

珍妮丝的故事告诉了我们什么？

珍妮丝所经历的事情和她的感受并不少见。对于她和我们来说，还有许多悬而未决的问题，比如她为什么没有得到那份工作，以及咨询公司为什么要与她谈话。如果她能和她的经理坐下来，问一问这些重要的问题，珍妮丝的状态可能会好很多。这个故事的核心不在于珍妮丝没有找到问题的答案，而在于珍妮丝如何理解发生在她身上的事情，以及如何让这种解读影响她的。她现在的世界观并不好，她的态度反映了这一点，很可能她第二天上班时的行为和表现也会不好。

我们都想拥有积极的态度。在清晨醒来之际，我们不会想我们今天将会很糟糕，会不喜欢我们要做的事情和接触的人，或者我们会对生活的某些方面感到不满。我们想对所有的这些事情感觉良好。然而，正如你从珍妮丝的故事中所看到的，有时候我们让内心的声音控制了我们的思想，这些思想又反过来影响到我们解读那些发生在我们周围的事情的方式。

第一节　让你变得消极的"罪魁祸首"是什么

让我们来探究导致不良态度的罪魁祸首。了解它们是弄清楚为什么有时会有这种感觉的第一步，更重要的是我们如何才能"振作起来"！虽然说起来容易做起来难，但如果你能够有意识地训练大脑，你一定会对此感到惊讶。以下是我们所要关注的：

1. 信心的缺乏导致意志消沉

缺乏自信是人们自我感觉不好的主要原因之一，这往往导致消极的态度。然而，自信是无法传授的，只能通过成功的经历获取。自信是人们在实现目标之前必须相信的东西之一。那么，我们如何做到这一点呢？我们需要做些什么来建立自信，从而拥有积极的态度呢？

史蒂夫（Steve）的故事

史蒂夫是一家大型政府机构的项目经理。他很擅长自己的工作。每当一个部门需要启动新的计划时，他们总是找史蒂夫帮忙，因为他的项目总是按时、按预算进行，而且他知道如何领导一个团队。他得到了许多部门的好评，在他们的年会上，组织者决定为优秀的项目经理举办一个研讨会。还有谁比史蒂夫更适合做展示呢？

当副总裁找到史蒂夫时，史蒂夫同意了，但与此同时，他因为要在600多人面前演讲而感到紧张。在这之前，他从来没有在这么多人面前演讲过。在他为演讲做准备的时候，他越来越为自己的专业水平感到担忧，并开始质疑自己是否是演讲的最佳人选。

史蒂夫如何建立自信？

正如我们已经提到过的，马尔科姆·格拉德威尔说我们需要1万小时的练习才能达到真正专业的程度。对于史蒂夫和我们所有人来说，这几乎是不可能的。他怎么能获得1万小时的经验呢？

在与副总裁谈论了自己的担忧之后，史蒂夫终于相信，客观来说，他确实是在会上发言的最佳人选。他为公司领导了那么多项目，每个人都喜欢他的工作方式和沟通方式。史蒂夫和副总裁约定在他准备好会议后再见一面，以得到一些反馈。

一周后，史蒂夫回来了，在与副总裁排练了几次之后，他相信他已经掌握了演讲内容。但是，在演讲的时候，他仍然感到极度的紧张。他觉得自己声音的音调太高，语速太快，台下的听众可能很难理解他所讲的内容。他不知道该看向哪里，所以全程一直紧盯自己的笔记，即使他对那些内容已经烂熟于心。

"我怎么才能克服这个呢？"史蒂夫问他的副总裁，"我觉得我从来没有谈过这个话题！我怎么才能放轻松呢？

我知道我看起来很不自信！"

他的副总裁建议他在晚上回家之后，坐在一个安静的、不被打扰的地方展开想象。在本书"如何做出更震撼人心的演讲"一章，我介绍过如何进行创造性地想象。为了"看到"自己的成功，史蒂夫也可以使用同样的技巧。以下是这一过程的缩简版：

想象自己身处会议之中，正和同事们聊着天，感觉和他们在一起很舒服。

当他们介绍你时，想象自己坐在桌子旁，微笑着环顾四周，吸引一些粉丝的目光。

想象自己走上舞台，深呼吸，微笑，和主持人握手。当你把笔记放在讲台上时，感受一下笔记的重量。你喝了一口凉水，边感受着手中的PPT远程操控器，边放松地走向舞台中央。

想象一下台下的听众，花大致5秒的时间和他们打招呼，说声早上好。然后，以一个有趣的小故事开场。你看到听众对你的故事做出积极的反应，并在你继续讲述项目计划时仔细倾听。你注意到听众们用笔记下了你给出的好的建议。

想象你的演讲方式：想象自己以缓慢的速度清晰地解释相关信息。注意你是如何自然地使用各种手势的，以及你如何使用语调和语速对重点做出强调。想象某个人问了一个问题，你清楚而自信地回答了他。想象周围的人纷纷点头表示赞同。

想象一下结尾，你对这个话题进行总结，并引用你最喜欢的相关名言。你对听众表示感谢，然后，接受他们雷鸣般的掌声。

想象是达到那些"1万小时的练习"的最强大的技术之一。它涵盖了视觉、听觉、触觉甚至味觉和嗅觉。当你想象一件事时，运用你所有的感官训练你的大脑，就好像真的在做这件事情一样，而且做得非常好！无论你想在哪些方面变得更好，都可以练习这项技术。去看看它究竟有多强大，为什么运动员们这么多年来一直在这么做，并且取得了惊人的成功。在脑海中去想象一些事情非常有效。

顺便说一句，史蒂夫做得很好！他不仅对自己表达能力的看法发生了改变，更重要的是，他还改变了对自己的看法，作为一名演讲者，无论坐在他面前的是一个人还是一千个人，他都有了足够的自信。

2. 过多的担忧搞垮你的心态

过分强调对"可能发生的事情"的担心和恐惧也会对你的态度产生负面影响。我们为什么会担心呢？是什么阻止我们继续前进，去完成我们需要做的事情？相关研究告诉我们，我们所担心的90%的事情不会发生。

回想一下你上次担心的事情。它像你想的那么糟糕吗？很可能不是。我们停止担忧并把事情做好的能力可以带给我们成就感和获得感。想想看：没有什么比从你的待办事项上划掉一些事情更有力量的了。

生活中有无数的事情要做，如果我们能把事情做完，而不是仅仅去想它——或者更糟，去担心它——我们的感觉会更好，我们会更强大，态度也会更积极。

艾丽莎（Alysha）的故事

艾丽莎是一个国际组织的活动协调员。她的职责包括策划、沟通和执行海外培训项目。她的职责很多，但她已经这么做了五年，工作方法、流程十分熟练。艾丽莎工作中最具挑战性的部分之一是处理海外参与者的请求，她的大部分工作是通过电子邮件和电话会议完成的。由于项目的成功需要精确的计划和执行，艾丽莎在每个项目开始前的两个月都会非常紧张和担心。事实上，她在每个项目开始的前一周里都无法入睡，活动当天，在参与者面前，她通常显得疲惫不堪。

她热爱自己的工作，但她一定会第一个告诉你，她不知道自己还能承受多长时间的工作压力，也不知道在每个项目中自己在想些什么。

我们如何帮艾丽莎克服担忧？

艾丽莎的挑战是，她感觉自己就像在向高空抛大象，如果这些"大象"中的任何一头掉下来——我相信，你可以想象到结果。

艾丽莎需要学习如何更好地管理她能做的事情，不再纠结她无法控制的事情。

艾丽莎能做什么？

艾丽莎的主管唐娜（Donna）在项目开始前让她坐下来。艾丽莎看起来疲惫、沮丧和不安，她知道艾丽莎需要帮助。唐娜喜欢艾丽莎，因为她是一个积极进取的人，并且善于在问题发生时解决问题——这是专业人士的真正标志。

唐娜问艾丽莎，她是否知道杞人忧天者和战士之间的区别。艾丽莎看上去很困惑，但又被另一件她担心的事情分散了注意力。为了帮助艾丽莎，以下是唐娜对她所说的话：

我们感到担心的能力是人类特有的。虽然动物也有两种选择——战斗或者逃跑，但我们比它们多了神奇的思考能力。然而，随着思考而来的，是对未来的担忧。战士对于他们能控制和不能控制的事情有着清楚的认识，当他们无法控制某件事时，他们会放手。战士会把注意力集中在自己所能控制的事情上，全力完成任务。

唐娜让艾丽莎写下一张清单，列出所有她为之烦恼和担忧的事情。起初，艾丽莎不知从何开始，所以唐娜问她："当你想到要执行的项目时，是什么让你夜不能寐？"这让艾丽莎的头脑变得清晰起来，她开始列出在项目开始之前让她无法入眠的所有事情。以下是她写下的一张清单：

（1）参与者提交的移民文件不完整，可能会被海关退回。

（2）参与者的航班延误，或者错过航班。

（3）酒店的食物复杂多样，参与者对食物过敏。

（4）参与者的资料在运输途中遗失。

（5）在活动开始前，车辆能否按时将参与者送到酒店。

（6）确保演讲者的演讲稿是最新的版本。

清单还在继续，但这对唐娜来说已经足够让她帮助艾丽莎开始通过"忧虑者vs勇士"（Worrier vs Warrior）的练习来思考了。唐娜让艾丽莎查看自己的清单，选出那些她完全无法控制的事情。起初，艾丽莎坚信她可以控制清单里的每一条，但是唐娜坚持让她更加仔细地考虑这个问题。最终，艾丽莎承认第二条和第四条是完全不在她掌控之中的事情。航班延误和材料丢失是很常见的，如果发生了这种事（也确实发生过），艾丽莎也总能找到解决办法。

剩下的条目——尤其是1、3、5和6——是艾丽莎有能力提前沟通好的，她有一个运作良好的系统来跟踪每一条的状态。只要艾丽莎对这些信息进行追踪和管理，并在电脑上时刻更新文件，她应该确信自己已经采取了所有必要的措施来防止失误发生。

艾丽莎在唐娜的帮助下，了解到她应该在自己能控制的方面努力，放弃她不能控制的方面。这说起来容易做起来难，需要练习。然而，我们越专注于成为一名战士，越少将注意力放在担心某件事上，我们就越有可能掌控所有情况，越不可能感到筋疲力尽。

．．

格里小贴士

"放手"这两个字应该成为每个人的人生箴言，这有助于获得积极和富有成效的态度。

．．

"放手"这两个字应该成为每个人的人生箴言，这有助于获得积极和富有成效的态度。嗯，放手吧。

3. 对舒适区的依赖阻碍你前进

我们都是依赖于习惯的生物，喜欢生活在自己的舒适地带。不久前，我读到过这样一句话："当你离开舒适区时，生活才算真正的开始。"我喜欢这句话，并且也经常鼓励人们离开自己的舒适区。舒适是好的，但是当你太舒适的时候，你会认为一切都是理所当然的，在一定程度上会变得懒惰。这两者都不好，更糟的是，你可能会获得一种掌控感。努力工作和做让你害怕的事情是培养你对工作和生活新鲜态度的最好方法。请允许我分享一下我离开舒适区的个人经历。

我的故事

虽然我的专业是社会学和犯罪学，但我大学毕业后是在银行开启我的职业生涯的。我没有打算从事银行业，但是同大多数职业一样，我没有计划，完全是无意为之。

我开始是一名贷款管理员，做大量的文件工作，归档、传真和跟进文件。我很快发现，和我当时的经理一样，我对客户很有一套。我被提升为信贷员，后来，我成了最年轻的分行经理，那年我23岁。

我在银行的职业生涯维持了近20年，直到1999年3月27日的一个电话改变了一切。

那时，我已经在银行站稳了脚跟，因为任期长，每年的奖金都很可观。我过着舒适的生活，收入丰厚，在银行里备受尊重。留在那里的可能性并不是无法想象。那时我并不是很清楚，但回首过去，我一直都想做更多的事情，想拥有更多的经历，更重要的是，我知道我有着更多的可能性。

这个电话是一个同事打来的，他获得了一个在跨国公司工作的机会。这份工作需要像我一样有培训和服务背景的人，同时也意味着要常去新兴国家和发展中国家出差。正如你现在听到的那样，听起来非常有异国情调且十分刺激。但就像生活中的许多事情一样，它也有缺点：这项工作是合同制的，每年续签一次。

在今天的环境中，这似乎不罕见。事实上，在很多组织中，这是一种常态。然而，那时的我拥有20年的职业生涯，我的收入、奖金和养老金都在增加，这是一场巨大的赌博。欢迎来到我的个人舒适区！我为什么要离开？钱是一样的，但是长期来看，其前景却完全未知。

幸运的是，我得到了家人和朋友的支持，所以我告别了银行，开始了我的世界之旅。

我的学习之路很曲折，但却值得。离开一个人人都认识你并且尊重你的终身职位，进入一个虚拟的未知世界并不容易，有时候也并不好玩。我在这个过程中犯了很多错误，但是通过那么多次的道歉和吸取的那些教训，我开始在这个新的角色中茁壮成长，甚至学会了新的语言，会见了各国总统和政府高级官员。在全球范围内扩展我的舒适区是我做过最好的事情。我可以一直这么做下去！

　　有趣的是，有时候"永远"并没有那么长。2001年，我的世界再次发生改变。我的合同即将到期，在这之前，我已经续签了两次合同。考虑到国际旅行的前景尚不明朗，我再次面临另一个选择。这次是领导一个新的创业组织。它的自主管理，以及可以与银行和国际组织分享我专业知识的能力，都很有吸引力。那时，我几乎每个月都要坐飞机，有时候会离开好几周。待在多伦多的感觉很棒。

　　这家新成立的公司充满活力，对我来说不存在太大的文化冲击。然而，我的舒适区仍然得到了延展，如果你曾经在一家初创公司工作过，你就会知道，在你工作的过程中，会有很多的未知和收获。我很享受这个过程，我有机会接触那些优秀的人和优秀的组织。两年的时间里，生活平静稳定，一眼可测。但后来，这家初创公司的发展方向不再适合我，生平第一次，我没有机会可选。没有人站在那里说："嘿，来这里为我们工作吧！"这是我职业生涯中的一段艰难时期，因为似乎做什么都是徒劳的，似乎我不得不重新回到我最熟悉的领域——银行业。这样做没有任何问题，但我坚信我需要的是继续向前走，而不是后退。银行业对我来说很重要，但它已经成为过去，只适合留在记忆中。

　　有一天，我脑海中突然出现了一个疯狂的想法。如果我开一家属于我自己的培训和公关公司会怎么样？人们会雇佣我来帮助他们吗？我知道，这对我来说很疯狂，但我考虑了很久，和很多人交谈过，他们说会雇佣我做项目，所以我想"为什么不干呢？"最糟糕的情况是我会创业失败，可是银行业永远都是我的退路。我从不过河拆桥，如果我需要帮助，我可以找到朋友帮助我。

我的公司，格里·洛维斯有限公司（Gerry Lewis Inc）（前身是ThinkUp Communications），成立于2004年。当时我的一个客户是加拿大丰业银行，如今，它仍然是我的客户，我很幸运在这十多年里我一直是他们的合作伙伴。事实上，我离开银行后工作过的那家国际机构现在也是我的客户。现在，我要说，我的"舒适区"已经扩展到四面八方了。更重要的是，每一次尝试，我虽然不知道自己能否成功，但我百分百确定，我会尽一切可能让它成功。这本书就是我1999年离开"舒适区"后的成果。我把这本书归功于所有帮助过我的人，他们让我看到了各种可能性，让我意识到很多未知的事情可以实现。

我是怎样克服自满情绪的？我只是在自己的舒适区边界上跨出了一步，然后我跨出了一步又一步，然后我又跨出了一步又一步。我现在回头看，只是为了看看我究竟走了多远，但是我知道，我还有许多路要走。我希望这能激励你跨出自己的第一步。

从你走出舒适区的那一刻起，生活就开始了。

4. 头脑中的冲突影响工作与生活

我们头脑中最沉重的东西往往是无法解决的冲突。这些都是生活的障碍，有时这些障碍似乎是无法逾越的，它们让你不知所措，让你生气，不知道从哪里开始。当我们生活在这种状态下时，我们的态度会受到影响，几乎无法集中精力做任何事情。我们游离于日常活动之外，对我们的工作、生活，就像是在看一场电影般的恍惚。我们处于其中，但我们是在"观察"银幕上的自己，而不是"成为"自己。

米拉（Mira）的故事

米拉在一家银行做客户服务经理。她在这家银行工作了20多年，大部分时间都处在同一个岗位上。当你需要帮助的时候，比起搜索在线手册或服务网站，你会更愿意去找米拉。因为她会告诉你完成事情的三个简单步骤，言简意赅，她真的有能力做到这点。然而，在过去12个月里，她的团队和经理开始看到了她的变化。米拉对工作变得急躁，并开始对她的团队成员发脾气。一些小的事情便能让她心烦意乱，人们开始避免和她打交道。

当客户服务的质量开始受到影响时，她的主管唐（Don）觉得有必要和她谈谈。一天中午，他约她出去喝咖啡，米拉竟问他是否要解雇自己，这让唐感到很惊讶。

唐根本没往那方面想过，米拉的想法太出乎他的意料了。显然是哪里出了问题。

喝咖啡的时候，唐问米拉，是不是工作中的变化令她心烦意乱。关于自己的团队，她是否有什么想说的？也许是一个新员工？米拉说，工作很好，没有什么问题。

唐是一位经验丰富的经理，他知道如何在不冒犯别人的情况下询问他人的状况。他问起她的小儿子，问他这个夏天过得怎么样。米拉看着唐，泪水开始在她的眼眶打着转。米拉开始倾诉，但是她的抽泣声盖过了说话声，唐听不清楚。唐拿了一些纸巾给她，让米拉深呼吸，然后和他分享一下发生的事情。几秒钟后，米拉喝了一大口咖啡，开始阐述自己的故事。

米拉在与丈夫的离婚问题上遭受着漫长的煎熬，15年来，他们的儿子雅各布（Jacob）被夹在中间。她的亲人——她最有力的支撑——居住在加勒比海，只能从远处支持她，这对她并没有太大的帮助。米拉孤身一人，觉得自己无时无刻不在和她有赌博习惯的丈夫斗争。

他威胁说，如果她离开他，他会尽一切可能夺走雅各布。每天的争吵和冲突让米拉开始崩溃。她一个人应对这些事情，觉得眼前无路可走。

我们如何帮米拉克服冲突？

对米拉来说，这是她要解决的问题，是她要迎接的战斗。她认为这是自己的责任，除了妥协别无他法。能够支撑她的只有她自己——至少她是这么想的。

米拉（和唐）做了什么？

把问题分享给关心你的人总不是一件坏事。他们可以帮你减轻一些心头的重量。唐问米拉是否愿意让自己帮助她。唐向米拉建议，银行提供的服务可能会有所帮助——哪怕只是谈谈而已。米拉知道这一点，但她不想把自己的情况公之于众，担心如果别人知道了，她会有更多的事情要面对。唐向她保证此事会绝对机密，只限于他们两个人知道。

唐联系了银行的人力资源部门，并得到了米拉所需的帮助。

但事情并没有就此结束。一周的时间里，唐每天下班后都会和米拉约个时间，交流如何在这段时间里让自己变得更加坚强。起初，米拉只是感谢他的好意，并说真的没有什么他能做的。唐纠正了她的想法。他告诉她，自己帮助她不是出于同情，而是因为他知道她是一个从不让障碍阻挡自己前进的人。是的，这是一个很大的问题，但是更大的问题也只意味着我们要做更多的工作去解决它罢了。唐问她："我们怎么才能把它解决掉呢？"

　　米拉情绪低落的原因之一是她一直在关注这个问题。她需要给自己留出一些空间，家里的事情让她日夜操劳。她需要分散注意力——只需要有足够时间让她留出私人空间就行。

　　米拉喜欢去健身房，但是在过去的一年里一直没有时间去。唐向米拉建议延长午餐时间去健身房。起初，她觉得这样做很愚蠢，没有对时间合理地利用。但在上了三堂瑜伽课之后，她已经开始觉得自己更强壮了，也更有能力去处理家里必须面对的事情。

　　除了健身房，唐还鼓励米拉采取一些小的行动——所谓的小目标。其中的一些小目标包括与好朋友保持亲密的联系，她们可是她最强有力的支持。米拉还开始学习银行提供的项目管理课程。这是一门在线课程，每天早上额外的30分钟并没有影响她的日常工作，因为她的上班时间比其他人都要早。后来，米拉还开始更深入地研究金融知识。因为不知道自己未来的经济状况会怎样，她开始采取一些行动来确保她和雅各布能有应急资金。

　　通过采取这些小的步骤和银行的支持，米拉突然觉得自己不那么孤单了，这不再是孤军奋战。几个月过去了，她变得越来越坚强。

　　有时候困难看似无法克服，看似一直是自己在孤军奋战，但事实并不总是这样的。当对关心你的人说出自己的问题时，他们会给你支持，即使无事可做，他们也让你变强，让你感到不那么孤独。迈出一小步并不愚蠢，它恰恰是带来更大改变的开始。

就米拉而言，这些小小的进步让她意识到，她比自己想象中的更加坚强，更加有韧性。在短短几个月的时间里，米拉恢复了她从前的积极、活力和快乐，这多亏了唐和公司的支持。

小小的改变可以带来大大的结果。

"友谊可以让欢乐加倍，忧愁减半。"

——亨利·乔治·博恩（Henry George Bohn），英国出版商

5. 拒绝改变也就拒绝了更好的未来

无法跟上变化的潮流，或者面对变化不知所措，会毁掉任何试图保持积极态度的人。在前面"如何应对更艰难的变革挑战"一章，我们讨论了为什么人们对变化的反应不同。然而，不管人们对改变的反应如何，有一件事是肯定的：太多或太快的变化会让人应接不暇，从而会导致负面的态度。

虽然我们无法控制什么时候会发生变化，以及变化的程度和频率，但我们可以控制我们对变化的看法，让变化对我们的生活产生积极的影响，即使在那个时候我们并不

这么认为。

大堡礁：一个持续变化的故事

大约15年前，我听过一个关于大堡礁的故事，让我明白了应对变化对于人生和成长是多么重要。我一直没有忘记这个故事，当我觉得难以忍受变化，开始变得沮丧时，我经常回想这个故事。在很大程度上，它帮助我从不同的角度看待变化，尽管我承认，有时候我也会逃避改变，但比以前好了很多。

大堡礁位于太平洋的珊瑚海。它形成于2000多年前，沿着昆士兰海岸从道格拉斯港的大陆城镇延伸到班达伯格，绵延2000多公里。

大堡礁的另一边就没这么简单了。海洋的力量是无情的，这使得4000多种鱼类、700多种珊瑚以及数千种其他动植物的生存变得极其艰难。

然而，由不可预测的海洋模式导致的不断的斗争和持续变化并没有阻止这些生物的生长——恰恰相反。生存竞争带来了许多不同的适应行为，造就了大堡礁居民的生活习性。而实际上，往往是大堡礁的这一侧被认为是最美丽、最有活力和最繁荣的。

没有奋斗和变化来挑战的生活，就像礁石上风平浪静那一侧的海洋生物一样，仅仅只是活着。

生命的美丽与充实，来自于它每天要面临的挑战、不断的奋斗和看似永无止境的变化。没有挑战的生命是平静的，生命的潜力永远无法被激发。

我认为，如果没有人告诉我我不能做什么，我永远都无法发现自己的潜力。我要感谢所有告诉我"做不到"的人，因为你们，我去尝试并且做到了。

"改变的秘密在于，把所有的精力集中在建设新事物上，而不是与旧事物做斗争。"

——苏格拉底（Socrates），希腊哲学家

有关态度的最后一些建议

你的态度，或者你的世界观，对你人生的幸福、成功和整体享受程度起着至关重要的作用。改变态度并不容易，有时候你甚至会认为需要改变的不是自己的态度，而是别人的。如果是这样的话，我建议你再仔细查看一下自己的态度。可能你无法改变别人的态度，但是你自己的态度却完全在自己掌控之中。

....

格里小贴士

生命的美丽与充实，来自于它每天要面临的挑战、不断的奋斗和

看似永无止境的变化。

••

下次你感觉情绪低落，看起来没有想象中的积极时，问你自己：如果我思考当下我人生中的这五个部分：自信、担忧、自满、冲突和改变——有哪个部分是脱离了正常轨道吗？有哪些事情是我需要注意的吗？

这种自我评估不会花很长时间，如果你对自己诚实，它将成为能让你"感觉良好"的有效工具之一。它是免费的，不会有电话营销人员给你打电话或者发电子邮件。更好的一点是，它可以在你的思想中，或者上班的路上就能完成。

第二节　为什么总会莫名其妙地陷入消极状态

一、消极态度的五个罪魁祸首

（1）信心的缺乏导致意志消沉。

（2）过多的担忧搞垮你的心态。

（3）对舒适区的依赖阻碍你前进。

（4）头脑中的冲突影响工作与生活。

（5）拒绝改变也就拒绝了更好的未来。

二、人生箴言

"放手。"

"友谊可以让欢乐加倍，忧愁减半。"

——亨利·乔治·博恩

"改变的秘密在于，把所有的精力集中在建设新事物上，而不是与旧事物做斗争。"

——苏格拉底

第三节　如何摆脱消极思想给自己带来的负能量

问题：我明白个人的态度是成功的关键，但我的一生都在担心和思考为什么我不能做某些事情。我如何摆脱生活中的消极影响，训练自己变得更加积极呢？

回答：正能量产生正能量。我把能让我自我感觉良好的东西放在办公室和公文包里。而且，我一直随身带着我的幸运符。所有这些东西——积极的话语、令人难忘的照片、引路石——都有助于我们感知自己。使用它们，不要觉得它们微不足道。事实上，有些时候，正是这些东西帮我们度过美好的一天！

问题：我从不认为自己缺乏自信，但我确实发现自己在许多社交场合都格格不入。在日常生活中，我能做些什么来获得更多的自信？

回答：发现自己"格格不入"意味着你正在成长，这是好的，即使这让你感到不舒服，觉得那可能是最让人尴尬的时刻。我记得我在大学里的第一次会议，那时我只是作为一名与会者去的，但是我很紧张，不知道会发生什么，不知道别人对我有什么想法，我会遇见谁，和谁说话，如果没有人跟我说话怎么办——所有对社交场合的担心。在我等公共汽车去参加活动时，有人走过来问我是否可以帮他们把2美元纸币换成两张1美元的。我没有两张1美元的，但我身上多带了一枚硬币，所以就给了他。他很惊讶，也很感激。后来在他即将下车的时候，他看着我说："再次谢谢你，放松点。"他不知道我在想什么，但最后那三个字就像这辆疾驶的公共汽车一样击中了我的心。"放松点。"这正是我需要听到和需要做到的。所以，我"放轻松"了，享受着我至今记忆深刻的大学生活中最美好的会议。

问题：我知道我需要改变我的态度，让自己变得更加积极和自信。你对"假装能做到，直到你真的能做到"（Fake it until you make it）这个概念怎么看？

回答："假装能做到，直到你真的能做到"这句话并不能告诉你我们想要成为什么样的人——一个真实且真诚的演讲者。我想稍微改变一下这个观点。"假装"不是对你的观众假装，而是对自己假装——更确切地说，是对你的大脑假装。训练你的大脑以不同的方式思考，慢慢地你的大脑会习惯这样的思考方式。有时候，在自信方面，我们是自己最大的敌人。当我说"训练你的大脑"的时候，我的意思是，时刻激励自己，这样你就会相信自己完全有能力在某件事情上表现出色。

相比"假装能做到，直到你真的能做到"，"相信自己，你就能成功"更能代表我的观点。

第四节　时刻充满正能量，你的生活才有幸福感

下次我建立人际关系的时候：

如果我产生了悲观的想法，我会：

_____

下次我感到态度消极时，我会这样克服它：

_____

增加自信的第一步是：

_____

第五节　反思：如何享受积极心态带来的快感

....
....
....
....
....
....
....
....
....
....
....
....
....
....
....
....
....
....

总　结

···

你的闪耀时刻

···

　　当你闪耀的时候——我知道你迟早会的——你会照亮别人。人们会视你为榜样，向你寻求指导和意见。他们会视你为一个能创造奇迹的人，一个能让人安心的人，最重要的是，一个能领导别人的人。

　　当你激励别人的时候，你不仅会脱颖而出，引人注意，卓越不凡，而且，你身上也会有光环。你会更强大、更自信、更快乐。

　　成功没有捷径，这是一件好事。我一直相信，任何有助于成功的事情都值得你为之付出努力，而且在沟通方面，你必须努力。正如我在本书中所说的，沟通是我的激情和目标所在。当我知道我既能理解别人也能被别人理解时，我就处于最好和最快乐的状态。

　　我希望你们能喜欢这本书，并能经常重温它，就像为了一些你可能已经忘记的句子和想法而与老朋友叙叙旧一样。就在我写这本书的时候，我也想起了许多有助于我事业成功的经历。

　　打磨技能上的粗糙之处，会让我们在工作中做得更好，也会让我们成为更好的沟通者。就像成功没有捷径一样，也没有一蹴而就的改变。每一次会议、每一次演讲——事实上，每一次改变、每一次交往——都是你进步的机会，你会变得更好，更趋于完美。就像一个艺术家看着他的作品一样，去寻找你能做些什么来完善"下一个机会"。你就是自己的杰作，不要让任何人——我再强调一遍，是任何人——让你觉得自己比别人差。

当我们跌倒时（每个人都会跌倒），在那一刻，我们觉得不可能再爬起来了。但要知道你会恢复过来，并爬到更高的地方。如果你能从一个诚实、勇敢和"我能学到什么"的角度看待这段经历，你就不会再说"为什么是我？"（Why me?）了。相反，你会说"让暴风雨来得更猛烈些吧"(Try me)，因为你知道下一次你会做得更好。下一次，你会发出更耀眼的光。

我希望你们喜欢这本书，并因此变得更强大。要知道，你如何与他人沟通，如何向他人展示自己，会对工作和生活的方方面面产生巨大的影响。

永远尽自己最大的努力，就像我母亲经常说的那样。不懈追求，去成为更好的沟通者。让这个目标成为你的激情所在，它将是你成功的关键。

谢谢你阅读我的书。我希望你能与他人分享学到的东西，当别人需要帮助时，对他们伸出双手，鼓励他们。在生活的某个时刻，我们总会需要这些。

来自母亲的嘱咐……

你可能已经注意到，我在书中多次提到我的母亲。这是有充分的原因的。她一直也将永远是我的灵感来源。当生活给了我太多的挑战、太多干扰让我无法清晰思考时，她是我永远能依靠的指路明灯。她的经验教训是经得起时间考验的，生活中和工作中都很适用。我希望这些也能帮助到你们，它们对我来说，是无价之宝。

去给予，即使你可能没有什么多余的。（她指的不是钱。）

为别人做事，不求回报，只为了那份给予的快乐。

在你做的每件事情上，都要做到最好。

不要被琐事所累，去追求更多更好的。你拥有的正是你需要的，这就够了。

对任何事情都要有信心，要知道你有责任帮助别人，这样做，你其实是在帮助自己。

永远做你认为"对的事情"，即使大脑可能在阻止你这么做。

相信自己拥有成功所需的一切条件，但绝不要认为自己比别人更优秀。

最后：做你自己，因为现在的你就是你本应成为的样子！

> ——温妮·洛维斯（Winnie Lewis）（我的母亲）

没有我的父母，我不会有机会脱颖而出。而在此，我也祝愿你事业有成，你的优秀会使你万众瞩目。

现在，是你闪耀的时候了！（完）